1冊ですべてわかる ネットワーク運用・保守の基本

岡野 新
OKANO Shin

本書は、三上信男著『ネットワーク超入門講座 保守運用管理編』を底本とし、
最新のネットワーク現場のトレンド・ノウハウを大幅に加筆・修正して全面改定したものです。

本書に関するお問い合わせ

この度は小社書籍をご購入いただき誠にありがとうございます。小社では本書の内容に関するご質問を受け付けております。本書を読み進めていただきます中でご不明な箇所がございましたらお問い合わせください。なお、ご質問の前に小社Webサイトで「正誤表」をご確認ください。最新の正誤情報を下記のWebページに掲載しております。

本書サポートページ　https://isbn2.sbcr.jp/04264/

上記ページのサポート情報にある「正誤情報」のリンクをクリックしてください。
なお、正誤情報がない場合、リンクは用意されていません。

ご質問送付先

ご質問については下記のいずれかの方法をご利用ください。

Webページより

上記のサポートページ内にある「お問い合わせ」をクリックしていただき、ページ内の「書籍の内容について」をクリックすると、メールフォームが開きます。要綱に従ってご質問をご記入の上、送信してください。

郵送

郵送の場合は下記までお願いいたします。

〒106-0032
東京都港区六本木2-4-5
SBクリエイティブ　読者サポート係

はじめに

本書は、ネットワークの運用・保守の仕事について、現場のノウハウを交えながら幅広く解説したものです。

ネットワークの運用・保守の仕事は、一言で表すなら「ネットワークの状態が正常であるのが当たり前」を維持することといえるでしょう。問題が生じれば早期の現状復帰が求められます。つまり、「ゼロ」からマイナスになったものを、いかに早く「ゼロ」の状態に戻すかが求められます（プラスにする（現状よりグレード上げる）こともダメです）。

目指すところは昔から変わりありません。ただ、そのために行うべき仕事の内容は、以前とは大きく変化しています。それは現実問題、今のネットワークの運用・保守を行うためには、運用・保守以外のことも意識しなくては解決できないことが増えたからです。

かつてのネットワーク運用・保守の仕事といえば、ハードウェア障害による装置交換作業が主でした。しかし今では、トラフィックの増大に応じた回線増速計画立案や、ソフトウェア障害による解析調査など、多岐にわたるようになっています。

また、トラブルの原因がネットワークの設計や構築などの上流工程にあるとすれば、運用・保守の改善だけでは根本解決にはならず、日々のサービス品質を担保することができません。つまり、ネットワークに投資することを決定してから装置が撤去されるまでの、ネットワークのライフサイクル全体を包括的に管理し、企画や設計の段階から運用・保守を考慮した運用設計を行う必要があります。

とは言ったものの、実際にネットワーク運用・保守を行う立場では、日々の定常業務や夜間対応メンバーのシフト調整、そして突発的な障害対応に忙殺されがちです。これが現場の実態でしょう。しかし、複雑化、高度化するネットワークに対して、目の前のことに対応しているだけでは、いつまでも現場の苦労が取り除けないことは確かです。

ネットワーク運用・保守を楽にして、自分の仕事の価値を上げるためには、絶えざる改善の繰り返しが必要です。本書の内容は、著者の25年以上にわたる現場経験から、今、あらゆる企業ネットワークで有効なノウハウだけを提供しています。本書を通じて皆さんに運用・保守の仕事を改善するヒントがお伝えできれば、著者として大変嬉しく思います。

　また、次世代のネットワーク運用・保守を担う皆さんへのアドバイスとして、ぜひ次のことをお勧めします。

- **オフィスにいるのではなく、現場の最前線での経験を積む**
- **少しでもあいまいな点があれば迷わず現地に出向き、現実と向き合い、現物を見る**
- **机上だけでは知り得ない、現場の舞台裏にも目を向ける**
- **障害対応は場当たり的に対処するのではなく、未然防止の仕組みを考える**
- **運用・保守の業務だけでなく、企画・設計業務を含めてネットワークのライフサイクルを意識する**
- **究極は自動化。永遠のテーマ「脱属人化」に挑む**

　上記に取り組むにあたり、現場の実態が読者の脳裏に焼きつくよう、図解と現場のエピソードをふんだんに盛り込んでまとめあげました。

本書の想定読者

- **これから運用・保守の仕事をするエンジニア**

　ネットワークの基礎知識は学んだものの、運用・保守の仕事とはどのようなものかわからない、実際の現場のイメージをつかみたい、という方に最適な内容です。

- **企業のネットワーク管理者（情報システム部門）**

　運用・保守会社とともに業務内容の改善や高度化を企画したいと思っている方には、具体的に役立つ情報が多数見つかるでしょう。

- **運用・保守の現場を持つ管理職の人**

　本書は現場の最前線での運用・保守について解説しています。実際の現場の様子を知りたい方や、現場の目線でメンバーのモチベーションアップを考えている方の参考になるはずです。

- 運用・保守のビジネスを拡大したい営業の人

物が売れない中、本書で現場のネットワーク運用・保守の実態を把握することが、ビジネス拡大のヒントを得ることにつながるでしょう。

本書の構成

本書は全5章で構成されています。

第1章、第2章は運用・保守、および運用管理の仕事にはどのようなものがあるかについて解説しています。ご自身の今の仕事と比べて足りないもの、無駄なものは何か棚卸しをして、今後どうあるべきか考えるヒントに役立ててください。

第3章は日常の運用業務であるネットワーク監視について解説しています。ネットワーク監視装置、ツールの利用イメージなど現場の臨場感が得られます。

第4章ではこれからのネットワーク運用業務でぜひ取り入れたいメンテナンス用のインフラ整備について解説しています。今の運用・保守業務の改善や高度化に向けた検討に役立ててください。

第5章では運用・保守を考慮した運用設計と、現場の保守作業のノウハウを解説しています。技術的な内容や実践的な内容が中心なので、ざっと確認した後は、皆さんの現場の実情に置き換え、実務で必要なときに該当のセクションを参照していただければと思います。

◆

最後に、本書を執筆・出版するにあたりお世話になったSBクリエイティブ株式会社の友保健太様、執筆をするにあたり後押しをしてくださった久米原様、筆者を気遣い激励してくださる、佐藤様、福園様、北川様、丸山様、宮城様、田湖様、関様、村山様、田中様にこの場を借りて感謝いたします。本当にありがとうございました。

2020年 7月　岡野 新

本書で扱うネットワークの全体像

現在の企業ネットワークの運用・保守体制をまとめたのが下図です。全国に拠点を持つ企業ネットワークを運用・保守会社の監視センターと全国のサービスセンターが取り巻いています。

本書では、この図をモデルとして、ネットワークの運用管理・保守の仕事について解説していきます。

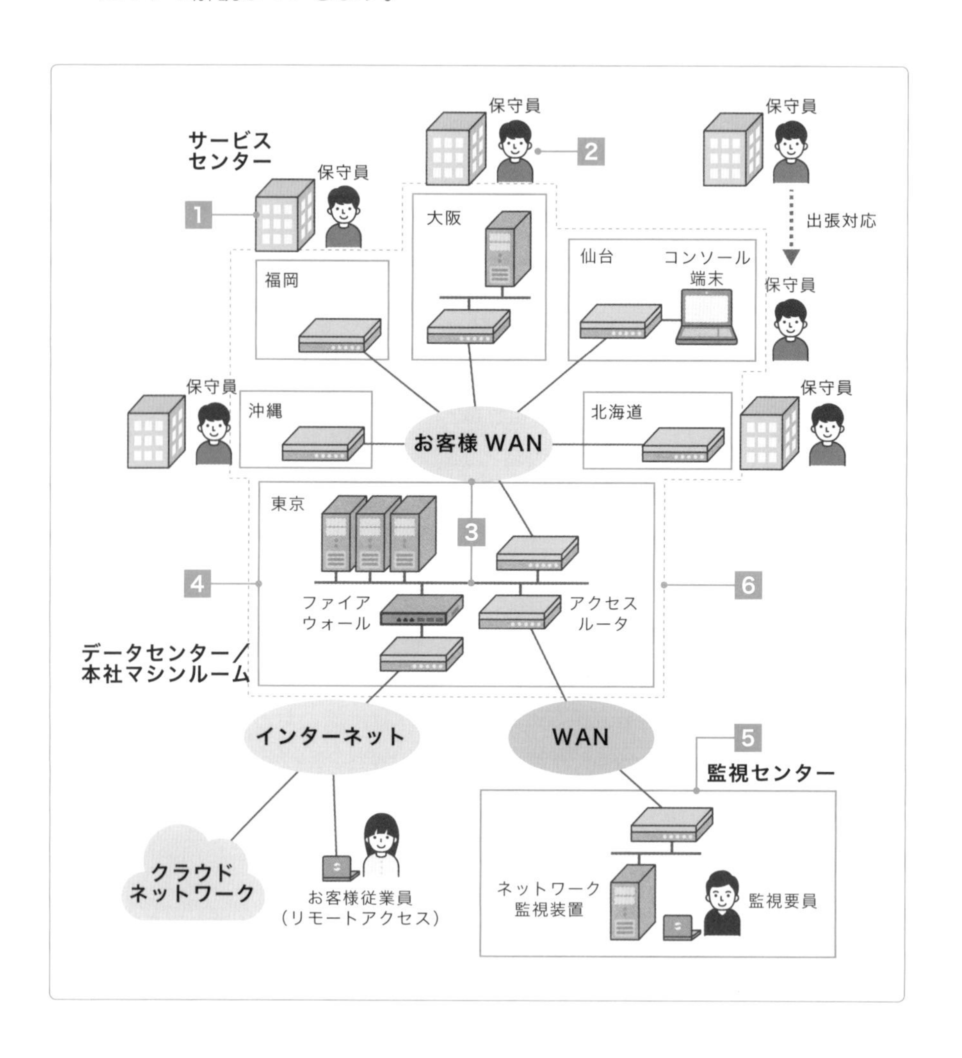

1 全国サービスセンター

運用・保守サービスを提供する会社のサービスセンターです。お客様の現場へは、最寄りの運用・保守サービスセンターから出動します。

2 保守員

現場作業を行う保守員です。出動要請でどこからでも現場に駆けつけ作業を行います。

3 ネットワーク回線

通信データを流すのに拠点間をつなぐ回線がWANで、拠点内部のネットワークがLANです。

4 データセンター／本社マシンルーム

お客様ネットワークの心臓部です。企業の本社や、装置が集中している箇所です。センター局ともいいます。

5 監視センター

お客様ネットワークを24時間365日見張っている監視センターです。障害を検出し、必要に応じて保守員を現場へ向かわせます。

6 企業ネットワーク（お客様ネットワーク）

一般的な民間ネットワーク構成です。ユーザー規模3000人程度で全国に拠点を持つネットワークを想定しています。

目次

第1章

ネットワーク運用・保守の全体像

本章では、ネットワークの運用・保守とは、何を目的とし、何を行うのかについて概観します。現場で運用・保守にかかわる人の姿をイメージしながら、仕事の全体像をつかむことから始めましょう。

1-1 現場の運用・保守業務の実態

ネットワーク運用・保守業務とは

そもそも、ネットワークの運用・保守とは何をするものなのでしょうか。本節ではこの最も基本的な事柄から確認していきます。

ネットワーク運用・保守の仕事というと、トラブルシューティングやエンドユーザーからのクレーム対応を思い浮かべる人も多いでしょう。しかし、実情としては、それらは仕事のほんの一部でしかありません。

実際の現場で行われているネットワーク運用・保守業務は多岐にわたります。大きく分類すると「運用業務」「保守業務」、そして、そのプロセスをきちんと回すための「管理業務」です。以下、現場の業務をかみ砕いて説明しましょう。

ネットワーク運用業務とは

ネットワーク運用業務の目的は、**ネットワークが正常稼動する状態を維持すること**です。問題が発生してから対処するのではなく、問題が起きないように未然に行う活動と思えばよいでしょう。昨今の現場では、この業務が重要視されています。ネットワーク構築は作ったら終わりですが、ネットワーク運用業務はずっと続くからです。

業務内容は多岐にわたります。たとえば、監視センター内に設置してあるネットワーク監視装置上のモニター画面を見て、異常がないか確認する業務です。具体的には、毎朝夕にモニター画面をネットワーク運用管理者が確認し、異常メッセージが出ていないか確認をします。もちろん、異常発生と同時にネットワーク監視装置から自動発報する機能を使って自動検知もできます。また、週次や月次で行う通信事業者回線トラフィック調査や装置のCPU・メモリの使用率調査、装置の棚卸し(インベントリ)業務なども行います。このように、**あらかじめ決められた日時に、計画どおりに業務を実施**

します。

突発的な業務もあります。エンドユーザーからのパソコン操作の問い合わせや修理依頼受付業務、クレーム処理などのヘルプデスク(ユーザーからの問い合わせ窓口)対応です。緊急時には24時間、土日祝日関係なく受け付けることもあります。すべての問い合わせ業務を一次受付し、必要に応じてネットワーク保守ベンダーなどにエスカレーションもします。

▶▶ 個々の業務内容については第2章以降で解説していきます。

ネットワーク保守業務とは

ネットワーク保守業務の目的は、**ネットワーク障害に対する現状復旧**です。元の状態に戻すのが仕事です。ハードウェアの問題が起これば部品交換をします。読者の皆さんの家の大型家電製品が壊れた場合は修理業者を呼ぶと思いますが、そのイメージで捉えればよいでしょう。

ただ、昨今では、ネットワーク機器のハードウェア故障はほとんどありません。あるとすれば大半は初期不良です。他方、ソフトウェアのバグや、トラフィック増大に伴うレスポンスの問題など、**ネットワーク設計段階に由来する問題やソフトウェアサポート的な対応が大半を占めます**。

昨今の現場において、ネットワーク保守の仕事がなくなることはありません。ただし、前述のネットワーク運用業務の比重が高まっているのは事実で、今後ますます運用が重視される傾向です。

▶▶ 保守業務の詳細については主に第5章で解説します。

ネットワーク運用管理(保守管理)とは

運用管理(保守管理)とは、前述の**運用・保守業務をまとめて維持管理する業務のこと**です。ドキュメントの更新、定例会の運営(週次、月次)、報告業務など日々の活動です。ドキュメントの更新では、ネットワーク機器の構成管理、ネットワーク構成図、体制図などの最新のドキュメントを利害関係者が共有していなくてはなりません。もちろん、現状の課題や対処の進捗状況をメンバーで共有することも重要です。そのかじ取りをするのもネットワーク運用管理者の重要な仕事です。

▶▶ 構成管理については1-4節で解説します。

ネットワーク運用・保守者は上流工程を意識するのが大切

実際に運用・保守を行ううえでは、**運用・保守以外のことも含めたネットワークのライフサイクル全体を意識することが重要**です。というのも、仮に問題が設計・構築段階などの上流工程にあるとすれば、運用・保守の改善だけでは根本解決にはならず、日々のサービス品質を担保できないからです。つまり、ネットワークに投資することを決定してから装置が撤去されるまでの、ネットワークのライフサイクル全体を包括的に管理し、企画や設計の段階から運用・保守を考慮した検討を行う必要があります。これが運用設計です。

ネットワークの導入作業を行う立場からすると、ネットワークのライフサイクルはプロジェクト工程のように捉えられがちです。プロジェクト工程の場合は、ビジネス分析、要件定義から始まって、基本設計、詳細設計、構築、そして運用というのが一般的な流れです。しかし、運用・保守はそのネットワークがなくなるまで永遠にお付き合いするものです。そこではITILでいうサービスライフサイクルの視点が必要となってきます。こちらも戦略、設計、移行、運用という流れとなりますが、**重要なのは継続的なサービス改善を行うこと**です。

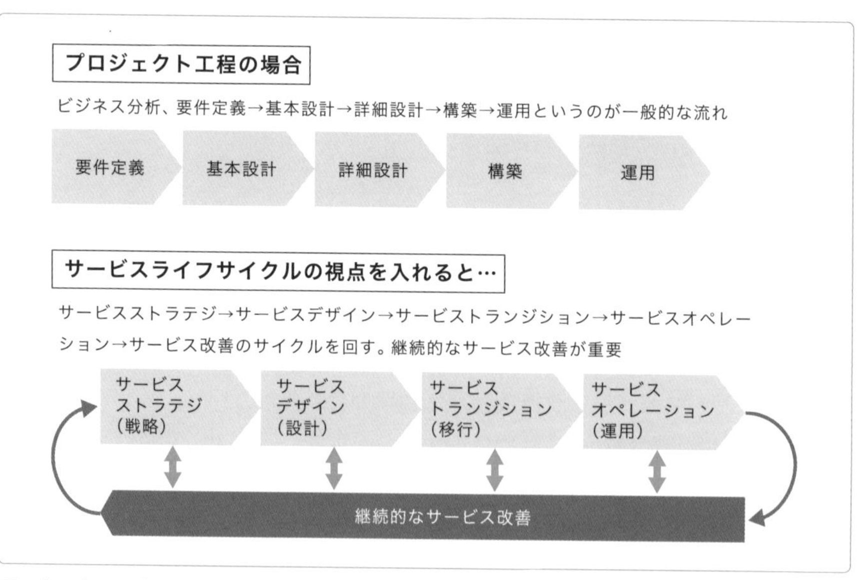

図　ネットワークのライフサイクル

本書では、サービスオペレーション、つまりネットワーク運用・保守に焦点を当て解説をしていきますが、運用・保守業務が始まる前のことや、ネットワーク不具合の未然防止という側面にも触れながら解説していきます。

ネットワーク運用・保守者は設計・構築段階から参画

ネットワーク運用・保守を担う人は、**設計・構築段階からプロジェクトに参画し、そのままネットワーク運用・保守業務を行うべき**です。前述したように、ネットワーク構成や日々の業務の内容も高度化し、設計や構築などの上流工程段階に由来する問題が多いのが今の現場の実態だからです。

運用・保守と、その前工程であるネットワーク導入プロジェクトの関係を整理しておきましょう。プロジェクト工程が基本設計、詳細設計、構築と進み、サービスがリリースされると運用・保守がスタートします。多くの場合、運用・保守の開始後、すなわち、ネットワークが安定したタイミングでプロジェクトチームは解散します。ネットワークのバグ対応や残された課題があった場合は、プロジェクトの一部のメンバーが一定期間、サポートするケースもあります。

現在のネットワークはあらゆるネットワーク機器を組み合わせて構成する傾向にあり、高度化が進んでいます。そのため、ヘルプデスクや運用・保守者に対してサービス利用や運用に関する技術力の移転、引き継ぎに長時間かかることがネックとなっています。この点においても、運用・保守者が設計・構築段階からプロジェクトに参画しておくことが、サービスの品質を担保する一番の近道で、ネットワーク運用・保守現場の鉄則です。

1-2 運用・保守の登場人物

運用・保守の仕事は、何か具体的な「物」を売るのではありません。**目に見えないものを売る、つまりサービス業です。**そこで、サービスをやりとりする主体である「人」について学んでおきましょう。

運用・保守は、多くの利害関係者（ステークホルダーともいいます）が存在し、成り立っています。運用・保守の登場人物は、大きく2つに分けられます。お客様（サービス利用側）と運用・保守会社（サービス提供側）です。

運用・保守の登場人物

- お客様（サービス利用側）
- 運用・保守会社（サービス提供側）

お客様

本書でいうお客様には、2つの立場があります。実際にネットワークを利用するエンドユーザーと、そのエンドユーザーが使うネットワークを運用管理する情報システム部門です。

お客様

- エンドユーザー
- 情報システム部門

エンドユーザー

エンドユーザーは、**本来の業務を行うための手段としてネットワークを使います。**事業を営んでいる会社であれば、そのエンドユーザー自身もお客様を持つと考えられますが、本書では直接的な利害関係者として次図の対象を中心に解説します。ただし、読者の皆さんは、エンドユーザーがお客様を持つこともある、ということを忘れないようにしてください。それは、エンドユーザーがネットワークを使えなければ業務に支障が生じ、そして業務に支障が生じれば商売に影響が出る、つまり、エンドユーザー自身の受注や売上に多大な影響があるということを十分理解しておいてほしいからです。

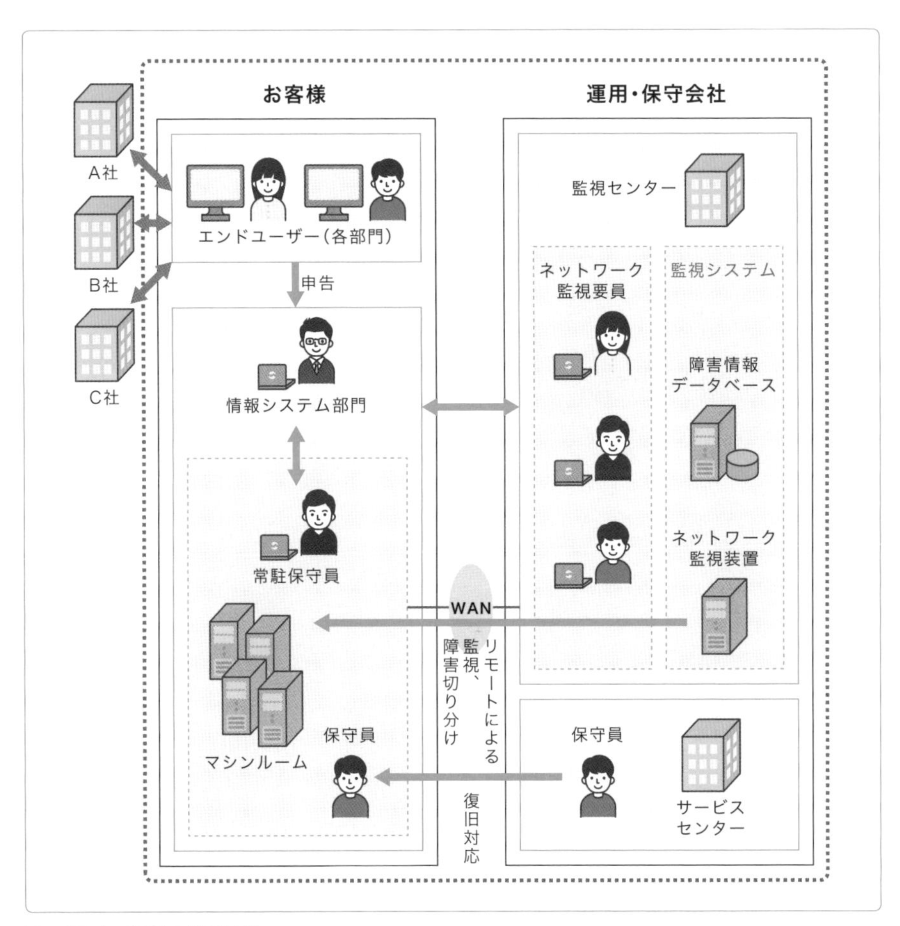

図　運用・保守の登場人物

ネットワークの運用・保守は、多くの利害関係者が存在し、成り立っている。エンドユーザー（図左上）は本来の業務を行うための手段としてネットワークを使う。

情報システム部門

「情報システム部門」とは社内での呼び名であって、運用・保守会社側からすると「お客様担当者」となります。ここではお客様側の立場で話をしていますので、情報システム部門という表現で話を進めます（会社によって部署名は異なる場合もありますが、本書では情報システム部門で統一します）。

情報システム部門の役割は、**エンドユーザーが本来の業務を円滑に行うためのネットワークやシステムを提供し、運用管理する**ことです。エンドユーザーは同じ社内の人ですが、情報システム部門からしてみると、いわばお客様という位置付けになります。

現場のメモ　音声システムの扱い

現在、ネットワークやシステムの運用管理は、情報システム部門が管轄するのが一般的でしょう。ただし、会社によっては、音声システムは総務部、音声以外のネットワークやセキュリティ、サーバー関連は情報システム部門としているケースもあります。理由として、以前は電話機の追加手配や工事、移設作業を依頼する部署は総務部というのが定番だったからです。しかし、IP電話のように電話機もIP化され、情報システム部門が担当しています。本書では、すべて情報システム部門の管轄として話を進めていきます。

運用・保守会社

運用・保守会社は、その名のとおり、運用・保守業務を請け負う会社です。前ページの図で見たとおり、主に3つの立場の人がいます。

運用・保守会社

- ネットワーク監視要員
- 保守員（非常勤）
- 常駐保守員

ネットワーク監視要員

ネットワーク監視要員の役割は、**お客様のネットワークを24時間365日**

体制で安定稼動させるサービスを提供することです。ネットワーク監視要員は、サービス提供側の監視センター内にいて、お客様からの問い合わせを受け付けたり、運用監視ツールを使って遠隔からお客様のネットワークの状態を常時監視したりします。当然、1人が24時間365日働くわけではないので、交代（シフト）制で対応します。

現場のメモ ネットワーク監視要員の引き継ぎ

夜間対応のネットワーク監視要員が、午前9時からの日勤（昼間）対応の監視要員に昨晩の引き継ぎをする場合、午前9時30分ないしは午前10時まで会社にいることになります。何も障害が起こらず、うまく引き継ぎが済めば、午前9時30分には帰宅できます。

では、なぜこのような役割の人が存在するのでしょうか？

もし、お客様の情報システム部門が24時間365日体制でネットワークの面倒を見ていたら、どうなるでしょう。情報システム部門の人員が数十人もいるなら別ですが、たいていは数名しかいませんので、まず体がもちません。また、技術面でも限界があるでしょう。全国にネットワークが広がっている場合は、全国主要都市に技術力のある人を配置するよう考えなくてはなりません。

近年、企業活動のネットワークへの依存度はますます高まっています。高度化、複雑化するネットワークの運用管理には、専門性の高い知識とノウハウが必要不可欠です。運用・保守ツールやそのツールを使いこなす技術要員の体制も整備しなくてはなりません。そうした背景から、運用・保守サービスを提供する専門会社へアウトソーシングするのが通例となっています。

ネットワーク監視要員は、監視センターから運用監視をするだけでなく、時として運用・保守ツールを使ってお客様ネットワークにリモートログインし、障害切り分け作業を行います。その結果、遠隔操作だけでは復旧作業は限界と判断した場合には、現地へ保守員を送り込まなくてはなりません。担当の保守員を手配し、現場への出動依頼をすることもネットワーク監視要員の重要な任務です。

現場のメモ　夜間勤務は大変

先ほど、ネットワーク監視要員の勤務形態は交代（シフト）制と解説しました。たとえば昼間の勤務の人であれば、保守員の手配は簡単です。保守員も昼間の勤務人を手配すればよいので、すぐにつかまります。

一方、夜間勤務のネットワーク監視要員ならどうでしょう。たとえば今、午前1時だとしましょう。昼間の保守員は自宅に帰っています。中には就寝している人もいるでしょう。

そのような状況であっても、お客様からの障害申告を受けたりネットワーク監視装置から障害を検出したりした際には、ネットワーク監視要員は担当の保守員を手配しなくてはなりません。一見、仕事を終えて自宅でくつろいでいる保守員のほうが気の毒そうに思えますが、手配する立場のネットワーク監視要員のほうも大変です。仕事とはいえ、夜中に相手の携帯電話を鳴らすのは本当に気が引けます。

保守員（非常勤）

保守員は、**実際の現場（お客様のところ）へ駆けつけて対応するエンジニア**です。会社によってはカスタマーエンジニアともいいます。普段は運用・保守会社のオフィスにいて、お客様からのコールや監視センターからの出動要請を受けて緊急出動します。消防員や警察官をイメージするとよいでしょう。

保守員がお客様のところへ行くのは障害対応のときだけではありません。装置によっては定期点検が必要ですし、停電などの計画作業時にも装置の停止、立ち上げなどが必要です。その他にも定期的なお客様訪問など、顧客満足を得ることが一番の役割です。もちろん復旧作業も重要な任務です。

技術的な知識は「広く浅く」です。昨今のマルチベンダー化の進展に伴い、保守員は常に新製品、そして新技術の習得が求められます。このような状況下で「広く深く」技術知識を習得するのは現実的ではありませんし、不可能です。個々の製品や技術に関する深い知識を習得することの優先度を下げ、より幅広い知識を持つことが求められます。

また、常にお客様と接する最前線での仕事ですので、**技術力だけでなく、コミュニケーション力も求められます。**まさしくサービス業です。

現場のメモ 保守員のレベル分け

2000年代に入ると、業種によっては、保守員にもレベル分けが次第になされてきました。このころから企業内にネットワークが整備されるのが当たり前となり、ネットワークの重要度も増してきたからです。特に通信キャリアや金融・証券に関しては、駆けつけ時間が1時間以内といった要望が出てきました。昼間はまだしも、夜間においては体制作りも大変です。そこで、次のような保守員のレベル分けがされるようになりました。

「緊急駆けつけ要員」と「復旧作業要員」を分ける体制です。緊急駆けつけ要員は、とにかく現地に早く到着し、初動対応するのが最大のミッションです。駆けつけ要員が初動対応している間、技術レベルの高い復旧作業要員が出動準備をし、二段がまえで現場復旧に取り掛かる体制を作るのが主流となっています。当然、技術レベルの高いエンジニアの人口のほうが少ないわけですが、このような仕組みで現場をしのいでいるわけです。

現場のメモ 近年の定期点検

1990年代の定期点検といえば、半年に1回、もしくは年に1回が定番でした。大容量PBX（大企業や通信事業者向けの構内交換機）や大規模な官公庁システムなどは未だに定期点検があります。しかし、近年ではネットワーク機器の小型化に伴い、ネットワーク機器単体としての定期点検はなくなりました。

常駐保守員

常駐保守員は、**運用・保守会社から派遣されてお客様の現場に常駐し、お客様のネットワークやシステム運用管理の代行業務をするエンジニア**です。

お客様に成り代わって業務を行います。技術的なことはもちろん、お客様の業務プロセスや会社の仕組み、社内関係者についても熟知していなくてはなりません。

お客様にとっては、自社のネットワークに精通し、かつネットワークやシステムを熟知した専門エンジニアがオフィス内やマシンルームに常駐しているので、より高いサービスを安心して受けられます。常にお客様の近くにいることから、すぐ作業に取り掛かることができますし、駆けつけ保守員が現場に到着するまでの間のロスもありません。よくテナントビルにいる常駐の警備員をイメージするとよいでしょう。

現場のメモ　お客様のネットワークに精通するということ

常駐保守員は、お客様のネットワークに深く精通していなくてはなりません。ただし熟知しすぎると他の人では対応ができなくなり、下手をするとその現場から抜け出せなくなります。5年、10年と同じ場所、同じ環境で仕事をやり続ける人も実際の現場では珍しくありません。

1-3 一般的な障害対応の流れ

ネットワークに何か障害が起こった際の対応方法は、状況により異なります。起こりうる状況は、装置のハードウェア故障、ソフトウェア障害、外部要因などさまざまです。さらには障害検知のタイミング、原因解析方法、復旧方法も異なります。厳密には、これらの障害対応方法をパターン化するのは困難です。しかし、大枠を押さえて時系列に対応パターンを整理することはできます。

ここでは、「障害検知・受付」「原因解析」「復旧作業」の3つの対応パターンに分けて障害対応の流れを解説していきます。

障害検知・受付

そもそも障害が起きたことはどうやってわかるのでしょうか？　大きくは2通りあります。

- 運用・保守会社が障害を検知する
- お客様（エンドユーザー）自身が障害に気づく

運用・保守会社が障害を検知する

運用・保守会社が障害を検知すると、その状況をお客様の担当者に連絡します。その後、原因解析、復旧作業を行う流れになります。

では、どうして運用・保守会社が障害を検知できるのでしょうか？　それは、運用・保守会社側にある**ネットワーク監視装置が自動検知**しているからです。

▶▶ ネットワーク監視装置については3-1節、3-2節で解説します。

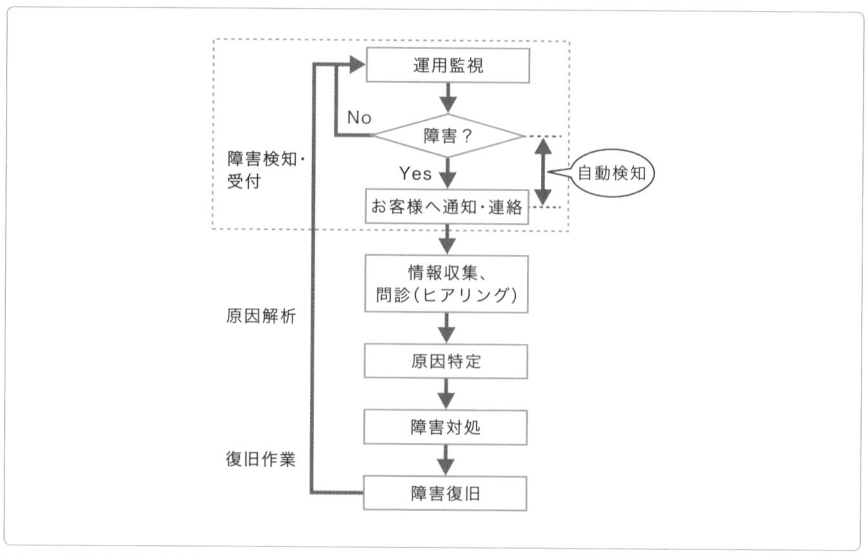

図　一般的な障害対応のフロー

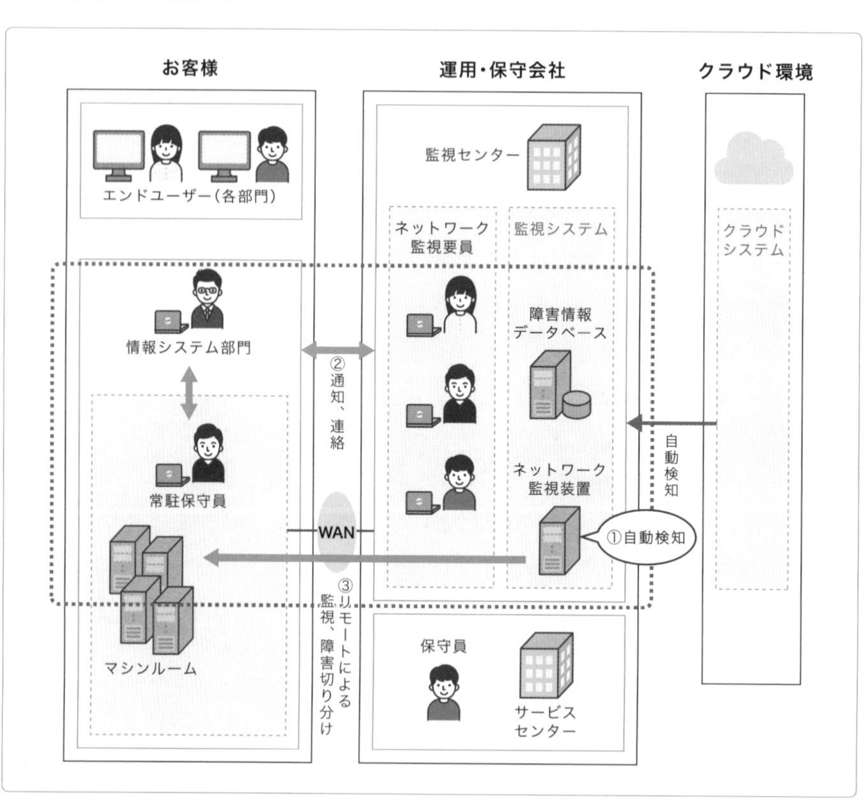

図　運用・保守会社が障害を検知する

お客様（エンドユーザー）自身が障害に気づく

お客様（エンドユーザー）自身が障害に気づく場合もあります。エンドユーザーはネットワークを実際に使っているので、何か不具合があれば当然わかります。ただし、エンドユーザー自身が障害に気づいたとしても、ネットワークの専門家ではありませんし、専用の運用・保守ツールがあるわけでもありません。たいていのエンドユーザーは「急に東京に電話がかけられなくなった」「インターネットが使えなくなった」という程度の内容を情報システム部門（お客様担当者）に連絡します。

情報システム部門は、エンドユーザーから得た情報や状況、経緯をまとめます。社内システムを一番熟知しているので、どのような障害が発生したらどこの運用・保守会社へ連絡すればよいのか当然わかっています。すぐさま運用・保守会社へ障害を申告します。また、常駐保守員がいる現場は、昼間帯は常駐保守員に連絡を入れます。

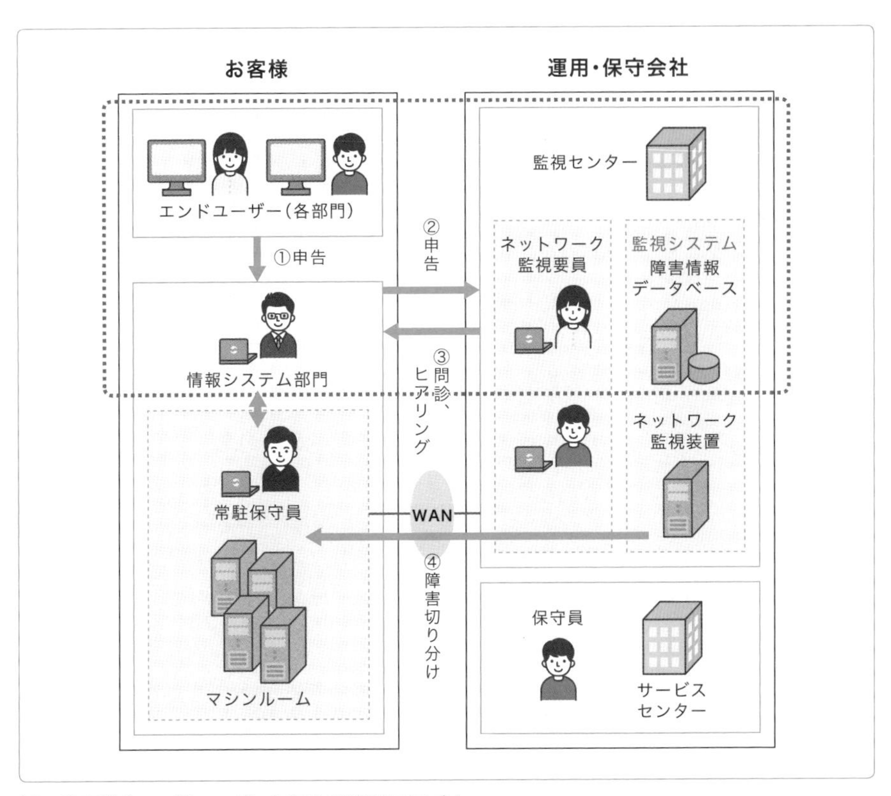

図　お客様（エンドユーザー）自身が障害に気づく

申告を受けた運用・保守会社側は、障害状況について技術的な側面からお客様へ問診し、原因解析、復旧作業を行っていきます。

原因解析

原因解析は、現場の状況をつかむことから始めます。まずは情報収集です。その後、障害切り分け作業、原因特定へと進みます。

情報を収集する

情報収集の段階で、おおまかな障害箇所について仮説を立てます。情報収集と一言でいっても状況はさまざまです。しかし、**どのような状況であってもお客様から聞くポイントは同じ。**至ってシンプルです。以下のポイントについて具体的にヒアリングをすることになります。

ネットワークやシステムは……

- 誰が使えないのか ―― 全員？　個人だけ？
- 誰宛に使えないのか ―― 特定の相手先？　すべての相手先？
- いつから ―― 今日？　以前から？
- どの場所で ―― 自分の場所？　他の場所？
- どのように ―― 常にダメなのか？　たまになのか？

ただし現実には、緊急を求めるお客様に対しては、あまり時間をかけてヒアリングできないケースもあります。その際は、以下の２点をヒアリングします。

- 「今は、ネットワークは使えていますか？」
- 「最近、もしくは現在、既存ネットワークやシステムに関連する作業を行いましたか？」

まず、**今も影響が出ているのか**確認します。そのうえで、**何かお客様ネットワーク環境で変化がなかったのか？**という視点で聞き出すのです。それは、時として周りの影響でネットワークに障害が起きる場合があるからです。たとえば、空調や電源設備の工事などの影響で、ネットワークやシステムがダウンしてしまうことがあります。

ネットワークやシステムは、導入作業が終わって運用・保守の段階に入ったばかりの時期を除けば、WAN回線や機器のソフトウェア障害（バグ）がないかぎり、基本的には安定するものです。「外部要因による障害が案外多い」ということを頭に入れておいてください。

原因解析で覚えておきたいこと

- まず、今現在、ネットワークが使えているかを確認する
- お客様のネットワーク環境に変化がなかったか調べる
- ネットワークの障害は、導入直後の時期を除けば、外部要因によるものが多い

外部要因として、実際の事例をいくつか紹介します。

- 計画停電があり、ネットワーク監視装置上でアラームを検知してしまった
- 別のネットワーク機器の設定変更作業でルーティング情報が消えてしまった
- 工事業者が配線工事の際にネットワーク機器のLAN配線や電源コード、プラグを外してしまった
- ビルの計画停電で電力業者が誤って電源ブレーカーを落とし、システムダウン
- マシンルームの空調が壊れ、室内の温度が上昇し、ネットワーク機器が自動停止（ネットワーク機器によっては、40度を超えると自動的に停止する仕様のものもある）

原因を特定する

運用・保守会社は、収集した情報をもとに障害箇所を絞り込みます。それが済んだら、次にコンソール端末を使ってお客様の装置にリモートログインし、障害切り分け作業を行います。

▶▶ リモート接続の方法もさまざまなものがあります。具体的には第4章「メンテナンス用ネットワークの基本」で解説します。

復旧作業

復旧作業は、原因を特定してからのフェーズになります。また、復旧作業は、現場に常駐している保守員がいれば、その人がその場で対応（一次切り分け）します。しかし、ハードウェア障害など製品特有の障害が発生した場合は、サービスセンターに待機している保守員が現地まで駆けつけ、復旧作業にあたります。

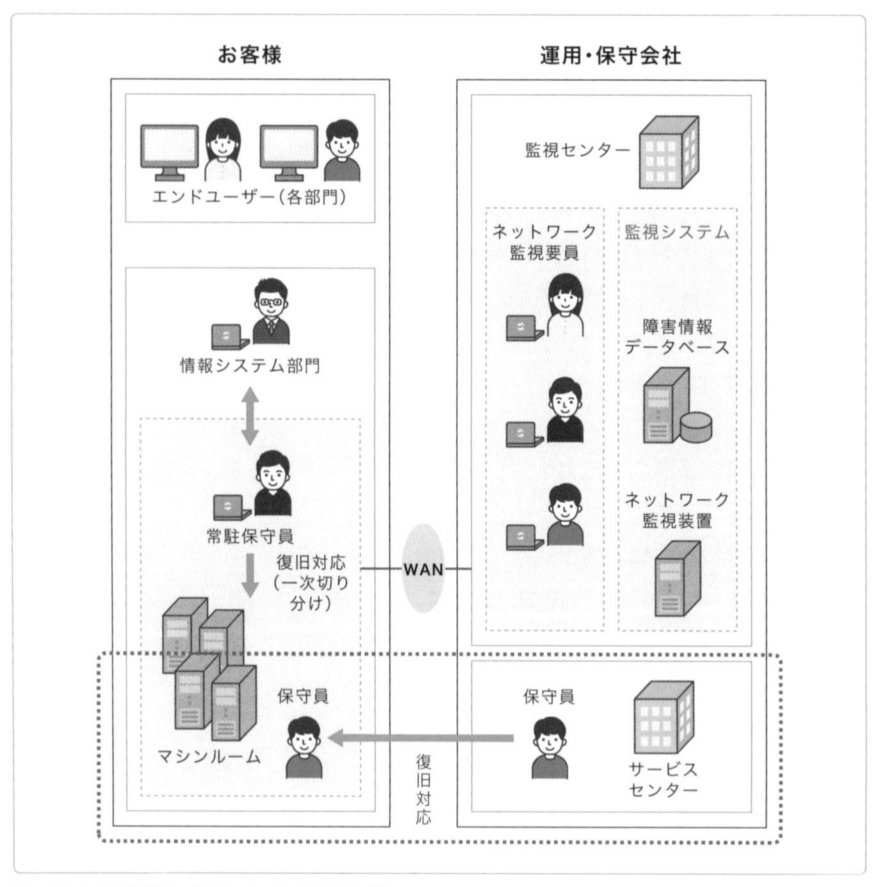

図　保守員が現場に駆けつける（復旧作業）

駆けつけた保守員は、原因がネットワーク機器のハードウェア故障であれば交換作業を行います。一番やっかいなのは、ソフトウェアのバグの疑いがあるケースです。つまり、**現地へ到着したら障害が自然に復旧していた**ときです。その場合は、装置のログ情報や設定情報を保守員がコンソール端末で収集してサービスセンターへ持ち帰ります。その後、対象のネットワーク機器メーカーへ解析を依頼し、回答を待ちます。メーカーからの回答が出たら、それに伴う対処をします。原因がバグであれば、ソフトウェアのバージョンアップを行うことになります。この作業をして完全復旧となります。

注意点：ソフトウェアのバージョンアップはお客様の作業

基本的にソフトウェアのバージョンアップ作業はお客様の作業となります。保守員が行う場合は有償となるのが一般的です。
きちんと運用業務の範囲をお客様と合意し、運用設計書としてドキュメントを提出することが重要です。

重要 お客様がネットワークを使えるようになることが最優先

完全復旧までに時間を要す場合は、暫定復旧を優先し、お客様がネットワークを使えるようにすることを第一に考えることが重要です。
たとえば、冗長化されたネットワーク機器構成で、系切り替えを繰り返して通信が不安定な場合は、片方のネットワーク機器を意図的に停止させ、片系運用するようにします。こうすることによって、シングル構成となりますが、系切り替えを繰り返すことはなくなり、通信自体は安定します。その後、時間をおいて、装置交換などの恒久対策を講じるのが現場の鉄則です。

1-4 一般的な構成管理

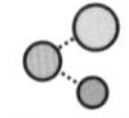

構成管理とは

構成管理は、組織として現状のネットワークがどのように構成されているのか、あるいはどのような資産を管理していかなければならないのか、情報を把握し、管理することです。管理対象はハードウェア、ソフトウェア、ドキュメントなど多岐にわたります。

構成管理ができていないと、いざ障害対応となったときに、問い合わせを受け付ける部門、現場に指示する部門、実際に現場で作業する部門の人たち全員が困ります。ネットワーク機器の台数や設置場所がどこか、あるいは導入されているネットワーク機器のソフトウェアバージョンはいくつなのかなど、ネットワークの運用管理に関係する人たちが共通の情報を持っていないと、現場は大混乱になります。さらに、**常に最新の情報を把握していなければ障害時の対応はできません。**構成管理がきちんとできてこそ、正確で品質の高い運用・保守ができるのです。

重要 意外に一番よくあるケース「現状がわからない」

運用・保守業務は、現状がどうなっているのか把握できていることが大前提です。これができていないと、有事の際、障害対応する前に現状の確認から始まってしまい、復旧作業に遅れが生じます。

「この機器のバージョンってなんだかわかる？」「このルータ、どこのラックに搭載されているかわかる？」「ケーブルどこのポートに接続されている？」など、現場はパニックになります。

実はこれが現場で一番よくあるケースで、絶対に避けなければならないことです。そのために構成管理が必要なのです。

構成管理をするうえでの必要アイテム

構成管理をするうえで情報システム部門の人たちに必要なアイテムとして、次のようなものがあります。

- ハードウェア情報
  ネットワーク機器やサーバー、PCなどの製品名、製品番号、シリアル番号情報
- ソフトウェア情報
  ネットワーク機器やサーバー、PCなどのOS、アプリケーションのバージョンやライセンス情報
- ドキュメント関連情報
  契約書関連、運用・保守体制図、関係者連絡先一覧、社内組織図、機器構成、手順書、運用・保守対応フロー図など

このように、運用・保守に影響を与えるもので、管理すべきと判断したものすべてが該当します。注目してほしいのは、**機器のハードウェアやソフトウェア情報だけでなく、関係するドキュメント関連情報も含まれる**という点です。これにより、機器に問題が生じた場合に、どこの誰にまで影響が及ぶかを把握できるようになります。

現場のメモ　影響範囲を把握しておくことが重要

ネットワークに何か問題が起こった際に、どこの誰にまで影響が及ぶかを把握しておくことは重要です。
たとえば、ある機種のルータでソフトウェアのバグが見つかったとメーカーから連絡が来たとしましょう。この問題を解決するには、バージョンアップが必要です。ルータのバージョンアップ作業は、装置を停止する必要があります。
そんなとき構成管理情報があれば、導入済みのルータでソフトウェアの不具合に該当するルータがどこに、何台設置してあるのか照合できます。これにより、影響を受ける拠点がわかり、影響を受けるユーザーがわかります。
また、作業台数も把握できることで、おおよその作業時間の検討をつけることがで

き、会社としてのサービスの停止時間も決定することができます。
このように、きちんとした構成管理情報があることで、情報システム部門の人は、対象拠点とそのユーザー全員に具体的な事前通知が行えるわけです。

IPアドレス管理表

IPアドレス管理表は、IPアドレスがどの部署で管理されていて、現在の状況はどうなのかを可視化し、アドレスの割り当て（払い出しといいます）を行ったり、アドレスの重複を回避したりするために作成します。

会社によってフォーマットはさまざまですが、おおむね次表の項目で運用されるのが通例です。

表　IPアドレス管理表の項目

項　目	説　明
拠点	どこの場所で利用しているのか、障害時の際に場所を特定するためです。
セグメントアドレス	アドレス帯の重複利用を避け、正常に運用するためです。
管理拠点	このアドレス帯がどの部署で管理されているか、管理の所在を明確化するためです。
利用形態	このアドレス帯が何に接続されるか把握するためです。
依頼元	依頼元を把握するためです。
登録日	利用開始日を把握するためです。
廃止日	現状、未使用であることを把握するためです。

拠点	セグメントアドレス					管理拠点		利用形態	依頼元	登録者	登録日	廃止日	備考
	1バイト目	2バイト目	3バイト目	4バイト目	サブネット	管理拠点	管理部署						
大手町	172	16	1	0	/24	大手町	情報システム部	SV接続	関	福園		2020/3/10	
大手町	172	16	10	0	/24	大手町	情報システム部	SV接続	関	宮城	2020/1/29		
大手町	172	16	20	0	/24	大手町	情報システム部	SV接続	関	宮城	2020/1/29		
大手町	172	16	30	0	/24	大手町	情報システム部	SV接続	関	宮城	2020/1/29		
大手町	172	16	40	0	/24	大手町	情報システム部	SV接続	関	宮城	2020/1/29		
大手町	172	16	50	0	/24	大手町	情報システム部	SV接続	関	宮城	2020/1/29		
大崎	172	16	100	0	/24	大手町	情報システム部	SV接続	関	福園		2020/3/10	
大崎	172	16	101	0	/24	大手町	情報システム部	SV接続	丸山	宮城	2020/2/29		
大崎	172	16	102	0	/24	大手町	情報システム部	SV接続	丸山	宮城	2020/2/29		
大崎	172	16	103	0	/24	大手町	情報システム部	SV接続	丸山	宮城	2020/2/29		
大崎	172	16	104	0	/24	大手町	情報システム部	SV接続	田胡	宮城	2020/2/29		
大崎	172	16	105	0	/24	大手町	情報システム部	SV接続	田胡	宮城	2020/2/29		
大崎	172	16	106	0	/24	大手町	情報システム部	SV接続	田胡	宮城	2020/2/29		
上野	192	168	10	0	/24	上野	開発部	NAT用	村山	北川	2020/4/2		
上野	192	168	20	0	/24	上野	開発部	NAT用	村山	北川	2020/4/2		

図　IPアドレス管理表の例

部署の新設や異動の際には、IPアドレスの追加や変更が必要です。その際にセグメント単位でアドレス管理表にリストが追加されます。また、逆に部署の廃止や引っ越しなどでアドレスが不要となったときにはリストから削除しなくてはなりません。こういった作業は、一般の企業であれば、情報システム部門で一括管理をします。情報システム部門は定期的な棚卸しを行い、厳密な監査によって統制が取られます。また、全社で共通して管理するアドレス以外にも、開発部門などが独自で利用するアドレスについては、利用部門で管理する場合もあります。

機器管理表

機器管理表は、ネットワーク機器がいつからどこに設置されていて、現在の状態はどうなのかを可視化し、定期の棚卸しや有事の際の現場確認を迅速に行うために作成します。

会社によってどこまで管理するかが異なりますが、おおむね次表の項目で運用されるのが通例です。

表　機器管理表の項目

項　目	説　明
資産番号	機器の固定資産番号です。棚卸しの際は、この一覧の番号と機器に貼られているラベルの番号を照合します。レンタルやリースの場合は、その番号を記載します。
機種名	機種名を正式名称で記載します。
機能	L2、L3など、機器の機能を記載します。
ホスト名	機器固有のホスト名を記載します。
使用用途	本番稼動用か、開発用などか、影響度を把握するために記載します。
製造番号	機器固有の製造番号を記載します。シリアル番号とも呼びます。コンソールからコマンドで確認する方法もありますが、ラックに設置した後は他の機器などに隠れて目視確認ができないこともあるので、設置する前に管理表に記載します。
手配日	機器を発注した年月日を記載します。
設置日	機器を設置した年月日を記載します。手配日が記載済みで、設置日が空欄の場合は、メーカーからの出荷待ち、設置準備中などのステータスとなります。
設置場所	どこの場所、フロア、ラックに設置しているか、所在を明確化するためです。

表　機器管理表の項目(続き)

項　目	説　明
監視有無	ネットワーク監視装置の監視対象であるか把握するためです。監視対象外の場合は障害時の検知が遅れることから注意が必要です。監視対象への昇格などを検討する材料とします。
ソフトver	ソフトウェアのバージョンを把握します。バグなどが公開された場合、この表から該当有無を照合します。
保守ベンダー	有事の際の保守ベンダーを可視化し、迅速な復旧をするためです。
保守契約形態	現状の契約形態を可視化し、24時間365日契約でない場合は、有事の際のリスクを把握するためです。

No.	固定資産番号/リース品	機種名	機能	ホスト名	使用用途	製造番号	手配日	設置日
1	FK-2016-0908	Catalyst9300-48T-A	L3スイッチ	FK5NL3001	本番稼働用	FCW232G12D	2016年5月12日	2016年7月12日
2	FK-2016-0909	Catalyst9300-48T-A	L3スイッチ	FK5NL3002	本番稼働用	ART231D1KX	2016年5月12日	2016年7月12日
3	FK-2016-0910	Power Supply A	電源	—	本番稼働用	JAE232078J	2016年5月12日	2016年7月12日
4	FK-2016-0911	Catalyst9300-48T-A	L3スイッチ	FK5NL3003	本番稼働用	ART2310F0U	2016年5月12日	2016年7月12日
5	FK-2016-0912	Power Supply A	電源	—	本番稼働用	JAE23507BV	2016年5月12日	2016年7月12日
6	FK-2016-0913	Catalyst9200L-48T-4G	L2スイッチ	FK5NL2001	本番稼働用	ART2310F11	2016年5月12日	2016年7月12日
7	FK-2016-0914	Power Supply B	電源	—	本番稼働用	JAE23080J5	2016年5月12日	2016年7月12日
8	TK-2019-0311	Catalyst9200L-48T-4G	L2スイッチ	TK8SL2001	本番稼働用	ART2304F7BV	2016年5月12日	2019年7月15日
9	TK-2019-0312	Power Supply A	電源	—	本番稼働用	JAE2308K7T	2016年5月12日	2019年7月15日
10	TK-2019-0313	Catalyst9300-48T-A	L3スイッチ	TK8SL3001	本番稼働用	LIT23112L6	2016年5月12日	2019年7月15日
11	TK-2019-0314	Power Supply B	電源	—	本番稼働用	JAE23080KI	2016年5月12日	2019年7月15日
12	TK-2019-0315	Catalyst9300-48T-A	L3スイッチ	TK8SL3002	本番稼働用	FCW2323G1D	2016年5月12日	設置準備中
13	TK-2019-0316	Power Supply B	電源	—	本番稼働用	ART2315D2X	2016年5月12日	設置準備中
14	リース	Catalyst9200L-48T-4G	L2スイッチ	AM3WL2001	開発用	JAE2325079	2016年6月13日	2019年9月13日
15	リース	Power Supply A	電源	—	開発用	ART231F11U	2016年6月13日	2019年9月13日

設置場所			監視有無	ソフトver	保守ベンダ	保守契約形態	備考
拠点	フロア	ラックNo.					
福岡	機械室	5N-001	○	16.9.1	富士通	24H365	
福岡	機械室	5N-001	○	16.9.1	富士通	24H365	
福岡	機械室	5N-001	○	—	富士通	24H365	
福岡	機械室	5N-001	○	16.9.1	富士通	24H365	
福岡	機械室	4S-005	○	—	富士通	24H365	
福岡	機械室	4S-005	○	16.10.9	富士通	24H365	
福岡	機械室	4S-005	○	—	富士通	24H365	
東京	機械室	8S-008	○	16.10.9	富士通	24H365	
東京	機械室	8S-008	○	—	富士通	24H365	
東京	機械室	8S-008	○	16.9.1	富士通	24H365	
東京	機械室	8S-008	○	—	富士通	24H365	
東京	機械室	8S-008		16.9.1	富士通	24H365	
東京	機械室	8S-008		—	富士通	24H365	
青森	機械室	3W-013		16.10.9	横河	9-17	
青森	機械室	3W-013		—	横河	9-17	

図　機器管理表の例

機器の棚卸しは半年もしくは年に一度は必ず実施します。その際に機器管理表をベースに実施します。そのために、機器の撤去や移設となったときには機器管理表をリアルタイムで更新する必要があります。こういった地道な作業こそが、有事の際の早期復旧に向けた、運用・保守の維持管理で重要な作業です。

実務のポイント　ホスト名の命名ルールの策定

ホスト名の命名ルールは、ホスト名から拠点名や機器種別、設置場所が判断できるものとします。そうすることで、障害時にホスト名から重要度や影響範囲を容易に判別することができます。障害時には状況把握のスピードが重要ですので、ホスト名から障害箇所がわかることはとても大切です。特にネットワークが大規模になるとネットワーク機器も多くなることから、次のような要素を入れて、企業にあった命名ルールを策定しましょう。

- **拠点名** —— 拠点名は、札幌であれば「SPR」のように頭文字をとるなどして判別しやすい名前とします。
- **用途、役割** —— 本番稼動用で、かつコアルータであれば、ネットワークに大きな影響があることが予測されます。対応の優先度が上がります。
- **機器種別** —— 不具合があるのはルータなのか、L3スイッチなのか、該当部分の判別が付けられます。
- **フロア位置** —— ホテルやデパートなどでは、本館や新館などビル名を付けている場合があります。また、大学では1号棟など棟の番号で命名するのがよいでしょう。
- **階層** —— 階層ごとに番号を割り当てますが、地下であればB1などにするとわかりやすいです。
- **番号** —— 連番で命名をしますが、回線が冗長化されており、装置が1系や2系などに分かれている際は、1系を奇数、2系を偶数に割り当てたりするケースもあります。

以上の必要な要素は入れたうえで、桁数は極力短く統一するようにします。その他の注意点として、見間違えやすい文字の混合は避けるべきです。たとえば、下記のものがあります。また、特殊文字は使わないようにします。

混合を避けたほうがよい文字

- **アルファベット大文字「O」(オー)と数字の「0」(ゼロ)**
- **アルファベット小文字「l」(エル)と大文字「I」(アイ)と数字の「1」(イチ)**

1-5 一般的な性能管理

性能管理とは

ネットワークにおける性能管理とは、**ネットワークの現状のパフォーマンスを定量的に測定・収集して性能を分析するプロセスを、定常業務として行うこと**です。具体的には、ネットワーク回線使用率や、ネットワーク機器自体のCPU・メモリ性能が十分発揮できているかどうかをリアルタイムに監視します。

重要なのは、あらかじめ目標とする値（以降「**しきい値**」といいます）を設定し、実際に収集したデータと数値で比べることです。

さらには、どのプロトコルがいつ、どこ宛に、どれくらいの頻度で流れているのかなどを分析することも重要です。管理外のプロトコルがネットワーク上を流れることによるトラフィック増大も最近の問題の1つです。

一般的な性能管理は、以下の2つについて行います。

①ネットワークの性能管理

あらかじめ設定したしきい値に対し、ネットワーク全体としての性能が十分発揮できているか監視・測定し、収集したデータを記録・分析します。たとえば、WAN回線の平均使用率が30%以内に保たれているか？しきい値の超過回数が10回以上あったか？といった観点で性能状態を記録します。

②個々の製品の性能管理

個々の製品（ネットワーク内の管理すべき装置）のCPUやメモリの状態を監視・測定し、収集したデータを記録・分析します。たとえばCPUであれば、使用率が30%以上でしきい値の超過回数が10回以上ないか？などです。

性能管理のサイクル

性能管理は、日々の監視、分析、チューニング、そして実装のサイクルで行われます。

監視は、ハードウェアやソフトウェアのリソースがあらかじめ定められたしきい値を超過していないか確認する作業です。確認項目としては、WAN回線使用率、ネットワーク機器のCPU使用率、メモリ使用率などが現場の王道です。

分析は、監視作業によって収集されたデータをもとに行われます。バーストトラフィックがないか、増加傾向にあるトラフィックやプロトコルがないかなどを分析しておくことが、将来のリソース予測のためにも必要です。トラフィック増で回線がひっ迫することが予測される場合は、回線増速計画などのインプット材料となります。また、この時点でバーストトラフィックの有無やエラー情報が検出できるので、障害予測や未然防止も図れるというメリットがあります。

チューニングは、分析結果から将来のネットワークや個々の製品に対する負荷を予測し、リソースの分散化や機器パラメータの変更などの調整を行い、性能の改善を図ります。

実装は、分析結果から得られた情報をもとに機器増設やネットワークモジュールの増強などを行い、性能の改善を図ります。

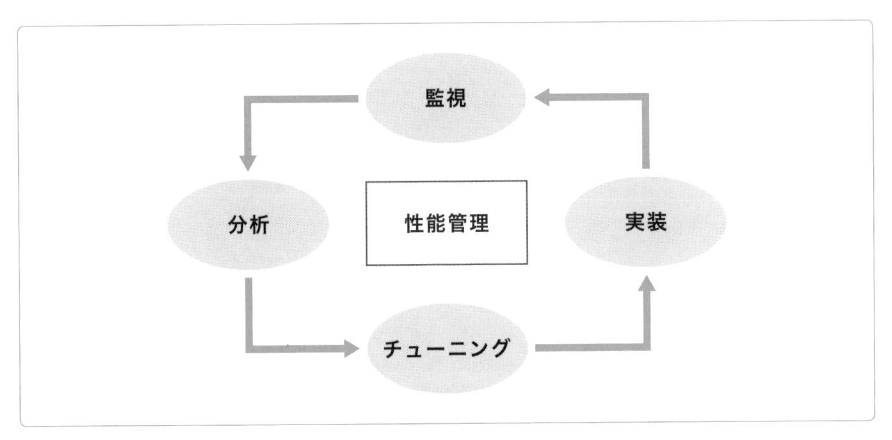

図　性能管理のサイクル

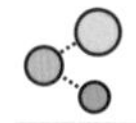

性能管理のための定番ツール

ネットワーク回線使用率や機器自体のパフォーマンスが十分発揮できているかどうかをリアルタイムに監視するには、専用の監視装置であるSNMPマネージャが必要です。SNMPマネージャは、ネットワークや個々の製品の状況を自動的にチェック、分析し、ネットワーク管理者がひと目でわかるようグラフィカルに表示してくれます。また、昨今の現場ではNetFlowを使ったツールにより、誰が、いつ、どんなアプリケーションを使ったのか可視化することも行われています。

▶▶ SNMPに関しては3-5節で詳しく解説します。
▶▶ NetFlowに関しては3-6節で詳しく解説します。

第2章

ネットワーク運用管理の基本

本章では、ネットワーク運用管理とは、何を目的とし、何を行うのかについて概観します。ネットワーク運用管理の位置付けや重要性をつかみましょう。

2-1 ネットワーク運用管理

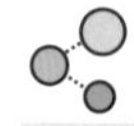

ネットワーク運用管理の概要

第1章の冒頭でも述べたように、ネットワークの運用業務には**ネットワーク監視や月次のトラフィック報告書のまとめなどの**定常業務と、**ネットワークに何か問題が起きた際の対応などの**非定常業務があります。これらのネットワーク運用プロセスがきちんと回っているか、維持管理する業務と合わせて、運用管理と呼んでいます。

業務としてのネットワーク運用管理の目的は、お客様(サービス利用側)と合意したサービス水準(SLA、サービスレベルアグリーメント)を保つことです。そして、ネットワーク停止によるお客様の事業への影響を最小限に抑え、ネットワーク運用サービスを安定供給し、信頼を獲得しなければなりません。

重要 ネットワーク運用管理プロセスの監視が必要

ネットワークの運用段階に入ると、日々の業務をこなすことが目的となりがちです。一番重要なのはネットワーク運用管理プロセスが回っていることです。日々の地道な作業と併せて、プロセスを監視し、作業の見直しや不要な作業の廃止などの改善を行うことが必要です。

ネットワーク運用管理にはさまざまな役割がありますが、大きくは次の3つに集約されます。

- ネットワーク運用サービスの安定供給とサポート
- 障害の影響の最小化
- アクセス管理

ネットワーク運用サービスの安定供給とサポート

ネットワークが利用できる状態を維持したり、ユーザーへのサポート業務を実行したりするのは当たり前ですが、それを特定の人に依存することなく、組織的な対応で安定的に提供され、かつ継続的に改善していくことが重要です。

この活動の内容は、次の3つにまとめることができます。

- ユーザーを支援する
- IT（情報技術）資産を管理する
- ネットワーク運用管理を継続的に改善する

1つ目のユーザーを支援するは、サービスの利用方法がわからなかったり、障害でサービスが利用できなかったりした際に、適切な助言を提供することでサービスの利用者を支援することです。現場ではその機能をヘルプデスクともいいます。ユーザーがPCの操作や、ITに関するちょっとした質問事項を問い合わせできる窓口を設置し、個々のユーザーへのサポートを通じてお客様の満足度を維持・向上します。

2つ目は、IT（情報技術）資産を管理する、です。ネットワークサービスやヘルプデスクが使用しているアプリケーション、ネットワーク機器を継続的に監視し、ネットワーク自体の安定供給を維持します。障害発生時には、ネットワーク全体の調査を行い、早期復旧することを最優先に対応します。また、状況に応じて暫定復旧に切り替えるなど、その場その場の判断も必要です。最終的には恒久の解決を行います。

3つ目のネットワーク運用管理を継続的に改善するは、ネットワークサービス品質を安定的に保つために、運用プロセス、機能、それを支える技術を継続的に改善することです。ネットワーク運用サービスの実態を監視して改善するプロセスを構築し、最適化を図ります。

障害の影響の最小化

ネットワーク運用管理において最優先かつ最重要なことは、**ネットワーク障害がお客様の事業へ与える影響を最小限に抑える**ことです。恒久的な解決をゴールとすることはもちろんですが、まずは影響をいかに最小化するかが重要です。

暫定的に復旧させ、まずはエンドユーザーが利用できる状態にする。2重化されているネットワーク環境であれば、まずはスタンバイ系の装置に切り替えて片系運転で暫定復旧させるなどの対応を行います。

また、障害が起きる前の、日々のインシデント管理によってネットワークの状態や障害傾向を把握すること、問題管理によってネットワークサービス障害の回数を最小化することが重要です。

▶▶ インシデント管理については2-2節で、問題管理については2-3節で解説します。

アクセス管理

許可された人、IT機器だけがネットワーク上に存在している。当たり前のようで、管理できていないことがあります。導入当初はきちんと管理されていたものが、時が経ち、運用管理する担当者が変わるなどして、ドキュメントが更新されていない、資料の所在がわからないなど、ネットワーク運用管理が破綻することはよくある話です。

ネットワークサービスへのアクセスが、許可されている人のみに提供される状態が継続的に保たれることが重要です。それには、いつ、誰が、どこからアクセスしているのか、現状を把握できる状態でなくてはなりません。また、ウイルス対策が施されていないPCなどの端末は一時的にネットワーク上にアクセスさせないなどの管理が必要です。

▶▶ アクセス管理については2-4節で解説します。

2-2 インシデント管理

インシデント管理の概要

インシデント管理の目的は、**サービスが普段と異なる状態に陥った際に、初動対応を行い、サービスへの影響を最小化すること**です。

インシデント（incident）とは、英語で出来事や事件といった意味の言葉ですが、ネットワーク運用管理においてはネットワークサービス停止やネットワーク遅延、ユーザーからの苦情など、**ネットワークサービス品質・状態が普段と違う、満たさないなどの事象**のことをいいます。

たとえば、ネットワーク機器の冗長構成で片系の部品が故障した場合など、サービスに影響を与えていない状況下でもインシデントとみなします。つまり、通常ではない状態です。

このような事象をインシデント管理表（次項で紹介）に記載し、管理していきます。そして、いつ、何が、どこで、誰が対処をしたかなどの事象を蓄積していくことで、一過性のことなのか、継続的に起こる事象なのか傾向がわかります。継続的に起こる事象であれば、未然の防止策も必要ですし、問題管理表に移行して恒久的な対策を施す必要があります。

▶▶ 問題管理の手法については2-3節で解説します。

インシデント管理の運用

インシデント管理では、次図のようなインシデント管理表を作成します。管理表は作ったら終わりではなく、継続的に更新していていかなければなりません。

依頼部門	依頼者	内容	処理担当	期限	原因	対処（予定）	ステータス	完了日	承認者
海外営業	宮城	日本から米国レイヨン工場向けファイル転送が先週から2倍かかる状態が継続している。	関	2020/4/25	A部門からの米国工場向けに大量のCADデータを送信したのが原因。	暫定対処として本日21:00に優先制御の設定を変更する。 恒久対策は、次週SE部門と協議し根本解決をする。 インシデントはクローズとし、問題管理表に移行する	完了	2020/4/25	岡野
A営業	福園	3Fフロア用PCアドレスの回答が来ていない。	村山	2020/4/26	IPアドレス記載「xxxx」	IPアドレス体系を再考し4/28までに配布予定。	完了	2020/4/28	岡野
A営業	福園	アカウント登録方法の問い合わせ。	村山	2020/4/27	–	アカウント登録方法のマニュアル掲載場所をメールにて回答。	完了	2020/4/27	岡野

図　インシデント管理表

そして、次のようなことを考慮しながら、限られたリソース・時間の中で対処していくことになります。

- 蓄積されたインシデントの中でどれを優先的に解決すべきか
- インシデントの対処のために、人、モノ、金を使うのか
- 対処するタイミングはいつにするのか

つまり、インシデントに効率的かつ迅速に対処するためは、次のような指針やルールも必要になります。

- インシデントの分類手順
- 優先度の設定方法や手順
- エスカレーションのルールや手順

優先度は、お客様の業務への影響やあらかじめルールとして定められた復旧目標時間などから、緊急度を考慮して決定されます。お客様の業務に深刻なダメージを与えうる重大インシデントに対しては、事業責任者へのエスカレーションのルールを取り決めることも必要です。

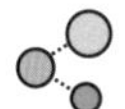

エスカレーションのルールの制定

インシデントを効率的に処理するためには、**インシデントを処理するうえで適切な担当や組織を割り当てる**必要があります。インシデントの処理担当者は、影響度に応じて切り替えます。これを**エスカレーション**と呼んでいます。インシデント処理をするにあたり、専門性や技術難易度に応じて担当者の割り当てを機能的にエスカレーションする場合もあります(次図参照)。また、人、モノ、金を動かすためには、責任を持つ上位の役職者にエスカレーションをする必要があります。

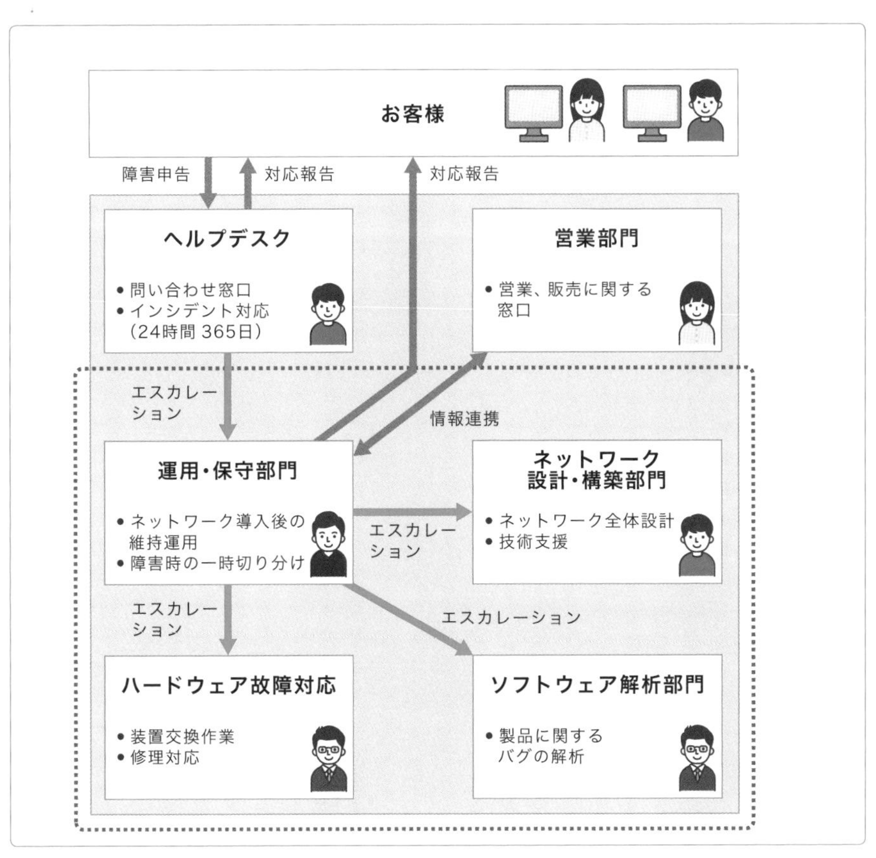

図　エスカレーションイメージ図

インシデント対応の最前線であるヘルプデスクは、インシデント管理で定義されたエスカレーションのルールに従って、インシデントを処理していきます。

実務のポイント　実際の問い合わせや要望

運用が始まると、エンドユーザーからはネットワーク障害だけではなく、さまざまな問い合わせや要望が寄せられます。たとえば次のようなものです。

- **PCの操作方法やネットワークへの接続方法の問い合わせ**
- **消耗品の交換の要望**
- **パスワードのリセットやアカウント作成の要望**
- **アプリケーションやサービスの内容に関する問い合わせ**
- **苦情**

これらの多くは、リスクが小さな変更や、わずかな時間で対応可能な作業の依頼です。しかし、1つひとつの要求はわずかな負荷でも、頻度が高く、塵も積もればヘルプデスクの負担も無視することはできません。あらかじめインシデント対応のルールを制定しておき、効率的・専門的に対応することで、お客様（サービス利用側）の満足を維持することが必要です。

2-3 問題管理

問題管理の概要

ネットワーク運用管理における問題とは、**発生したインシデントおよび運用状況の中から、根本原因を突き止める必要があると判断したもの**です。

問題管理の達成目標は、根本原因を取り除くことです。問題管理には、インシデントの根本原因を調査するための活動や、それらの問題の解決策を検討するための活動が含まれます。

問題管理では、次図のような問題管理表を作成します。ソフトウェアのバージョンアップや回線増速など、通常の維持運用では対処できない根本解決までの間、問題管理表で管理していきます。また、恒久対策までの暫定処置（ワークアラウンド）に関する情報を保持し、組織が時間の経過とともにインシデントの数と影響を軽減していけるようにします。

No.	問題発生日時		分類	詳細内容	担当	原因	問題解決策	対処予定日	ステータス	完了日	承認
1	2020/4/25	10:00	重大	日本から米国工場向けファイル転送が先週から2倍かかる状態が継続している	関	Aプロジェクト受注にともなう大崎工場の人員増大によるトラフィックの増大	WAN回線の増速（現状の1G回線から10G回線）	2020/7/25	対処中		
2	2020/5/25	10:00	重大	大手町本社のWANルータ故障	福園	ハードウェア故障	ハードウェア交換作業	2020/5/26	完了	2020/5/26	佐藤
3	2020/5/25	20:00	重大	大崎工場のL2スイッチ故障	田中	ハードウェア故障	ハードウェア交換作業	2020/5/26	完了	2020/5/26	佐藤

図　問題管理表

問題

ネットワーク運用管理における問題は、インシデントを引き起こす要因のことで、我々が日常生活でいう問題とは少し意味が異なります。

たとえば、ネットワーク機器が突然再起動してしまったとします。そして、このインシデントは自然復旧し、元の正常な状態に戻ったとしましょう。この場合、このインシデントは再発する可能性があるとみなし、なぜ、このインシデントが起きたのか根本原因を突き止めなければなりません。よって、この事案はインシデント管理表から問題管理表に移行します。このような、インシデントを引き起こしている不具合を漠然と指し示すために問題という表現が用いられます。

注意点： 問題とエラー

> ソフトウェアのバグはエラーと呼ばれますが、原因が特定されるまではエラーという言葉は使えません。

既知のエラー

原因調査が進むにしたがって原因が明らかになり、過去にも同じ事象がある問題は**既知のエラー**と呼ばれるようになります。ソフトウェアのバグを例に挙げると、今回あるルータでメモリ使用率が90%になっているものを発見したとします。メモリ使用率が常時90%というのは異常です。メーカーに問い合わせをして過去にあった事象と同じものであると断定されれば、既知のエラーとなります。これらは別々の対処をするのではなく、既知のエラーと同じ対処方法で対処することになります。ソフトウェアのバグの場合は、ソフトウェアのバージョンアップで対応して問題解決となります。

問題管理は、既知のエラーから傾向分析をして根本原因を明らかにする役割を持ちます。インシデントの再発を防止し、問題を除去するのが目的です。

ネットワーク運用に入る前の導入プロジェクトの時点で生じた既知のエラーも、未解決のまま長引く場合はネットワーク運用管理に移管され、問題管理されます。

ワークアラウンド

問題が解決するまでの期間に発生するインシデントや、すぐに解決できない問題に起因するインシデントに対しては、暫定的な処置である**ワークアラウンド**（workaround）で対処します。ワークアラウンドとは、インシデントに対する一時的な解決手段、問題を迂回して回避する方法などをいいます。

そうすることでネットワークへの影響を最小限に抑えます。

たとえば、ネットワーク機器においてポート不良が発生したとします。その際に、別のポートに収容替え（ケーブルのつなぎ換え）を行い、暫定的にネットワーク通信を復旧させるなどが挙げられます。

現場のメモ **ワークアラウンドの落とし穴**

ネットワーク運用段階に入ってからのワークアラウンドには落とし穴があります。ありがちなのは、暫定的な処置が慢性的になり、恒久対策を怠ることです。時間が経過するにつれて、誰も感知しなくなり、そのままの状態がずっと続くパターンです。これは絶対に避けなくてはなりません。ネットワーク運用管理の一環として行う週次や月次の定期報告会で期限を管理し、恒久対策されるまで厳密に管理しなくてはなりません。

恒久対策

恒久対策は、解決策ともいいます。インシデントの再発の恐れがなくなったとき、問題は解決されたとしてクローズ（終結）します。問題の解決策はインシデントを再発させない対策であり、その多くはインシデントの根本原因である要因を取り除く処置になります。問題管理はこれをゴールとして日々の業務を行います。

2-4 アクセス管理

アクセス管理の概要

アクセス管理の目的は、**誰が、いつ、どこで、ネットワークを利用したかの証跡を把握すること**です。ネットワーク運用管理の一環として、PCの利用においてもネットワーク利用申請が必要です。また、アクセス制御の仕組みを利用して、アクセス権限を付与、変更、そして制限することが必要です。

アクセス管理には、次のような達成目標があります。

- アクセス権の付与、変更、削除の要求に対処し、適切な権限が付与されるように維持管理する
- ネットワークへのアクセスを監視し、不正アクセスされないよう維持管理する

アクセス要求への対応

ネットワークに対するアクセス要求は、次のようなケースで発生します。

- 採用、異動、退職など、人事に起因する要求
- ネットワーク利用に関するユーザーからの要求
- 情報セキュリティ要件やサービス内容の変更に伴うアクセス権限の変更要求

アクセス管理では、要求提出者や要求そのものを検証し、正当であることを確認します。問題がなければ、そのアクセス要求に対応します。

2-5 ヘルプデスクの役割

ネットワーク運用管理の仕組みにおけるヘルプデスクの役割は、**ユーザーからの問い合わせを一元的に受け付ける窓口を提供すること**です。インシデントが発生した場合は、インシデント管理で定義した手順に従って対処します。技術的に深い内容や、重要度によっては、エスカレーションを実施するのもヘルプデスクの役割です。

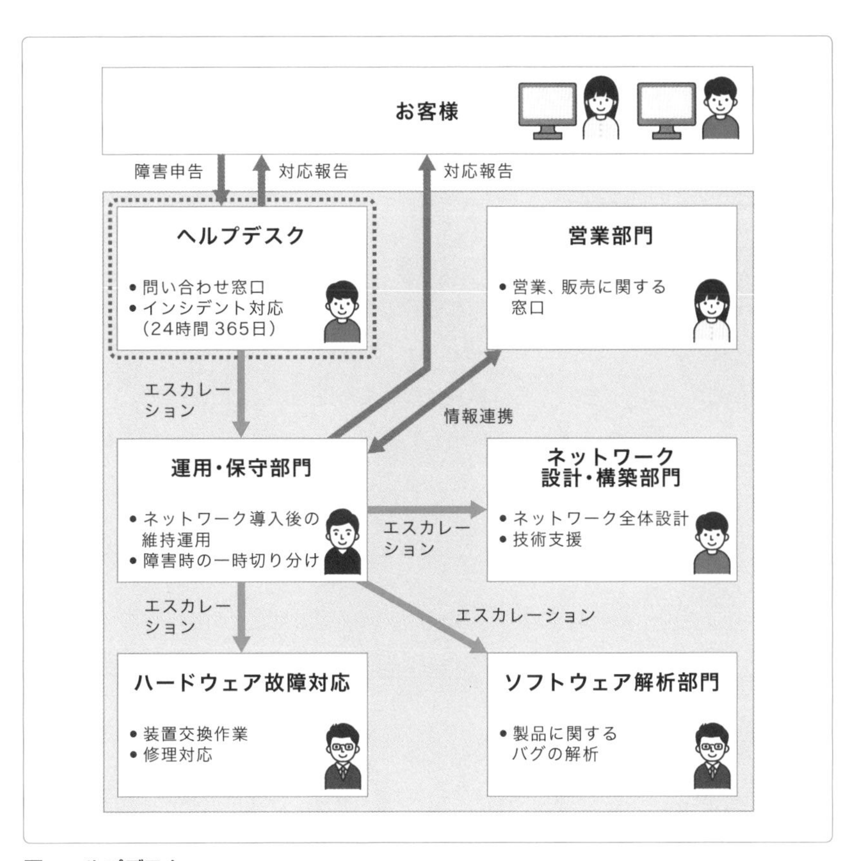

図　ヘルプデスク

ヘルプデスクは、すべての対応履歴を記録します。電話での対応履歴も録音します。すべての事実を記録することで、ネットワーク運用管理の状況を把握することができ、今後の運用を改善するための情報として役立てることができます。

たとえば、「インシデントの数」や「メンバーが最も時間を費やしている対応内容」を分類し、分析することで、改善すべき事項をスタッフ、組織として把握することができます。

実務のポイント　ヘルプデスクの運営

ヘルプデスクの体制や設置場所は、事業の規模や提供する内容によって変わります。ただし、サポート拠点の場所や数に関係なく、ユーザーからは単一の存在として見えるように運営します。

お客様（サービス利用側）が複数の拠点に存在する場合は、東と西に分けて、問い合わせを受けます。これは、自然災害などへのBCP（事業継続計画）対策にもなります。

世界的な規模でヘルプデスクを展開し、24時間サポートを実現している会社もあります。日本、イギリス（時差－9時間）、北アメリカ（時差－14時間）という具合に、昼間の場所のサービス拠点を次々につないでいくことで24時間サービスを提供する仕組みとなっています。

メーカーの製品サポートに特化した内容などであれば、ユーザーの宅内に常駐して行ったり、コールセンター事業者内にメーカー専用のブースを設けてヘルプデスク業務を行ったりします。

2-6 ネットワーク運用管理のツール

ネットワークの運用管理業務で利用されるツールは、大きく2つに分類することができます。1つはヘルプデスクを支援するツール、もう1つはネットワーク運用監視を支援するツールです。

ヘルプデスクを支援するツール

ヘルプデスクを支援するツールは、ヘルプデスクへの問い合わせ内容やインシデントの情報などを記録し、それらに関連する問題、変更作業などを総合的に管理する機能を提供します。

大企業ともなると、独自のコールセンターシステムを使うケースもあります。

ネットワーク運用監視を支援するツール

ネットワーク運用監視を支援するツールは、ネットワーク上に点在するネットワーク機器を監視して状況を把握する機能を提供します。

ネットワーク運用監視ツールは、ネットワーク機器のベンダーが自社の製品を管理することを目的に提供しているツールと、特定の機器によらず運用業務を幅広く支援するツールに大別することができます。

ネットワーク機器ベンダーが提供するツールは、自社製品の機能や性能を最大限に引き出すよう、細かい制御が可能な傾向があります。一方、汎用的な運用監視ツールは 運用管理者がシステム全体を統合して管理できるように、一貫性のある操作環境や表示機能を提供してくれます。

現在は、ネットワーク機器やサーバー、PCに限らず、プリンターや監視カメラ、パトライトなどあらゆるものがネットワークにつながるようになっており、汎用的な運用監視ツールを利用する傾向が強くなっています。

ネットワーク運用監視ツールの機能

一般にネットワーク運用監視ツールには、次のような機能が含まれています。

- **統合コンソール**
  サービスを提供している各システムの稼動状況やアラートを集中して管理する機能です。ネットワーク運用担当者は、この画面を監視し、ネットワークの正常性を維持することに努めます。
- **構成管理**
  ネットワーク機器のハードウェア構成、ソフトウェアのバージョンといった構成情報を管理します。コンフィグレーションの自動収集の機能を有するツールもあります。
- **ジョブ管理**
  業務を遂行するために必要なバッチ処理をスケジュールし、自動的に実行します。
- **リソースおよびパフォーマンス管理**
  ネットワーク回線の使用率や、CPU・メモリの使用率など、パフォーマンスの監視、分析を行います。
- **ネットワーク管理**
  ネットワーク機器の正常性監視や異常検知を行うための機能を提供します。異常が発生すると、監視画面上の色を変化させるなど、視覚的に発見しやすいようになっています。
- **バックアップ管理**
  ネットワーク監視装置本体の定期的なバックアップやリストアを行う機能を提供します。

ネットワーク運用監視ツールの具体的な機能内容は、次章で解説します。

第3章

ネットワーク運用監視の基本

本章では、ネットワーク運用監視の業務とネットワーク運用監視ツールである監視装置ついて概観します。ネットワーク運用監視の目的や重要性、現場の落とし穴もしっかり学びましょう。

3-1 ネットワーク運用監視業務

ネットワーク運用監視業務は、運用における中心的な業務です。それは、昨今のネットワーク運用・保守業務は、**障害対応よりも未然防止の活動のほうが多い**からです。ここでいう未然防止の活動とは、ネットワークが正常に動作しているか監視することです。このネットワーク運用監視業務をしっかり行うことで、障害対応の頻度を低減し、有事の際も即時アクションを起こすことができます。

では、何を監視するのかというと、次のようなことです。

- **ネットワーク機器本体やポートが正常に稼動しているか**

  ネットワーク機器が稼動していなければ通信断が発生してしまいます。即座に対処することが必要です。

- **ネットワーク機器のCPUやメモリに負荷がかかっていないか**

  負荷がかかっていればネットワーク機器が不安定となる可能性があります。即時、暫定処置をして、恒久対策を検討する必要があります。

- **WAN回線の使用率が増えていないか**

  通信断は起きないにしても、ネットワーク通信の遅延やネットワークへの接続がしにくくなります。一時的なことなのか、慢性的なことなのか、原因の深堀りをします。

ネットワークは24時間365日監視するものですが、当然ながらマシンルームにある装置の前に常時いることはできません。**普段はリモートから監視を行います**。リモート監視は、複数のネットワーク監視端末（モニター）を、数名で常時監視するのが一般的です。ネットワーク監視端末（モニター）に変化はないか、アラーム発報をしていないか、交代で常時監視をします。

一方、**通信断などでネットワーク機器の障害が疑われるときは、実際に現地に出向いて**目視確認することになります。リモートでは物理的な確認はできません。マシンルームに設置されているネットワーク機器のLEDランプや電源、LANケーブルの接続状態を実際に目視確認して、正常性を確認します。

WAN回線については、過去実績と当月の比較や、当月に過度なトラフィックが特定の端末から出ていないかの観点で測定します。この業務は月次など決められた日時で実施します。

ネットワーク監視装置

ネットワーク運用監視業務を行うにあたり、業務を支えるツールがネットワーク監視装置です。ネットワーク監視装置は、**監視ソフトをインストールしたサーバー**です。代表的な監視ソフトとしては、WebSAM（NEC）、JP1（日立製作所）、Zabbix（オープンソース）などがあります。これ以外にも、有償のものから無償のものまでたくさん種類がありますが、ネットワークやサーバーの正常性確認を行うという点ではどれも同じです。

監視対象は、一般的にネットワーク機器とサーバーです。

また、監視には大きく分けて「死活監視」と「MIB監視」があります。死活監視は**機器のIPアドレスに対してpingを送信し、本体が稼動しているかを監視**します。MIB監視は**機器のCPUやメモリの異常値など本体の内部まで監視**します。なお、MIB監視をしたいネットワーク機器には、SNMPのコンフィグレーションの設定が必要です。

▶▶ pingについては3-3節で、SNMPとMIBについては3-5節で解説します。

ネットワーク機器に何らかの問題が起きると、ネットワーク機器がネットワーク監視装置（監視ソフト）にSyslogやSNMPなどでメッセージを送付し、ネットワーク監視装置がエラー内容をネットワーク監視装置のモニター上に表示します。たとえば、死活監視であれば「スイッチの8番ポートがダウンしました」、MIB監視であれば「ルータのCPU使用率が50%超えています」のようなもので、通知内容は何をどこまで監視するかによります。

監視ソフトの通知方法は、アラートメッセージを画面に表示するのは当たり前として、ネットワーク運用担当者宛にメールで通知したり、パトライトを点灯したりして、即座に障害を認識し対応できるような仕組みを用意することができます。

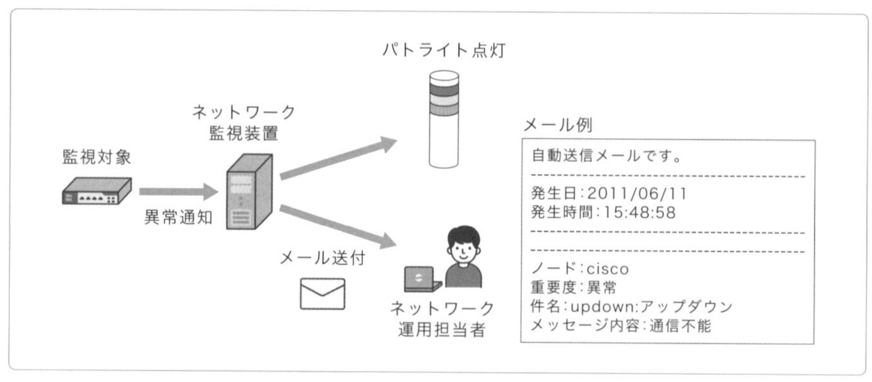

図　ネットワーク監視装置の連動機能

ネットワーク監視装置に求められる機能

昨今の企業ネットワークは複雑化、多様化がますます進んでおり、ネットワーク運用管理者の負担は日々増大しています。そのため、ネットワーク管理をいかに効率的に行うか、管理コストをいかに抑制するかが、企業における重要な課題となっています。

こうした背景により、現在のネットワーク監視装置は、単にネットワークを監視するだけにとどまらず、**ネットワーク構成管理や障害対応、そして性能管理のための機能までを有しています。**ネットワーク監視という役割にとどまらず、ネットワーク運用・保守の装置と捉えることが必要です。

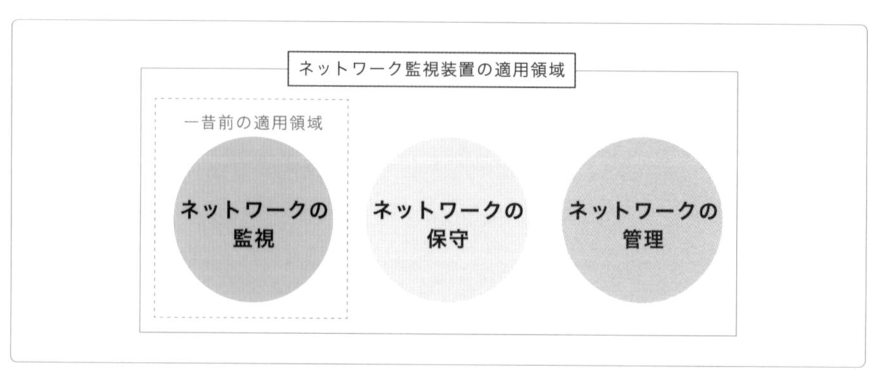

図　ネットワーク監視装置の適用領域

一般的なネットワーク監視装置が備えている機能を以下に挙げます。

ネットワーク監視

- **ネットワークに接続されている機器を把握する機能**
  ネットワーク機器を自動発見し、マップ表示、一覧を作成します。
- **ネットワーク障害を迅速に検出する機能**
  障害状況をネットワーク監視装置上でアラート通知、マップアイコン上で表示します。さらにはメール通知、パトライトなどの通報機能もあります。
- **ネットワークのトラフィックを監視する機能**
  トラフィック情報を定期的にネットワーク監視装置で収集し、しきい値の監視や性能レポートの作成ができます。

▶▶ これらの機能の詳細は、3-2節で解説します。

ネットワーク保守

- **ネットワーク機器のコンフィグレーションを定期的にバックアップする機能**
  保守業務で重要なのが、ネットワーク機器のコンフィグレーションのバックアップです。各装置に1つひとつログインしていては大変です。この作業を自動的に行うことで業務を効率化します。コンフィグレーションの変更履歴管理や差分表示も併用し、作業上のミスも未然に防ぎます。

現場のメモ 自動バックアップの実施時間

自動バックアップを実施する時間は、一般の企業であれば、ネットワークへの影響がない午前1時～5時の深夜帯に設定します。

- **ネットワーク機器のソフトウェアを管理する機能**
  マルチベンダーのネットワーク環境で、機器ごとのソフトウェアを一括して管理できます。

ネットワーク管理

- **監視画面上で行われた操作や自動実行処理の履歴を自動的に記録する機能**
  証跡管理のために金融・証券のネットワークなどでよく使われる機能です。

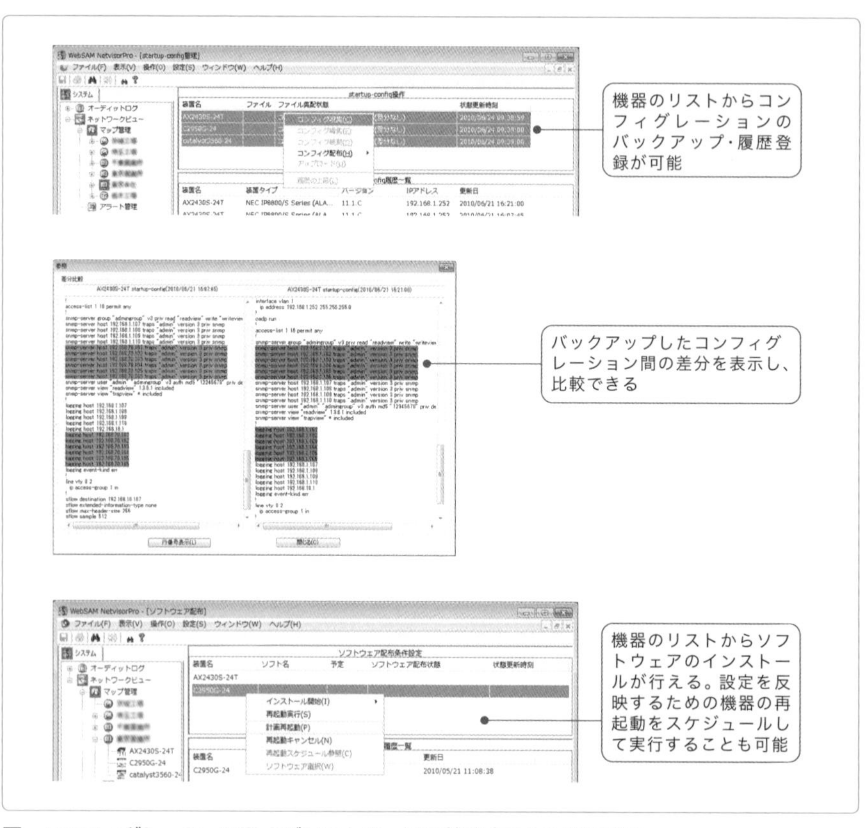

図　コンフィグレーションおよびソフトウェアの管理（WebSAMの例）

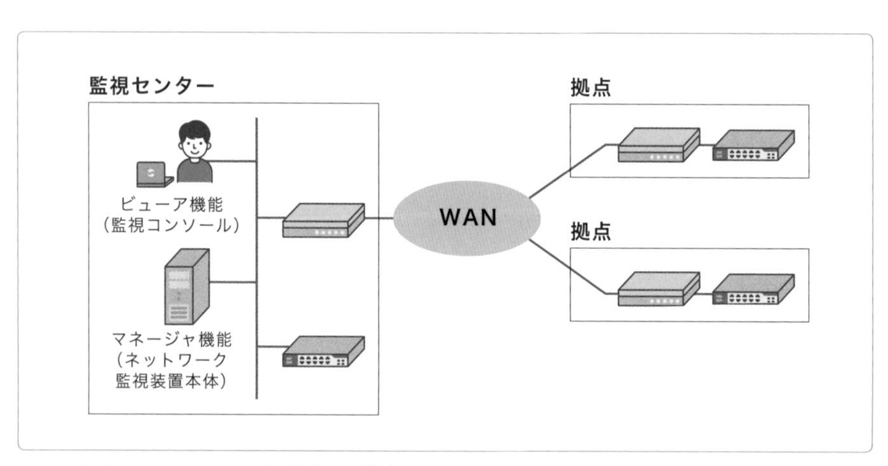

図　一般的なネットワーク監視装置の構成例

3-2 ネットワーク監視装置の主な機能

ネットワーク監視装置における主な機能は、次の3つに分類されます。

- 構成管理
- 障害管理
- 性能管理

構成管理

ネットワーク監視装置は、**複雑なネットワーク構成をビジュアルでわかりやすく管理**することができます。ネットワーク運用管理者は、ネットワーク機器や接続線（物理トポロジー）をモニター上で確認し、障害時の切り分け作業などに役立てることができます。

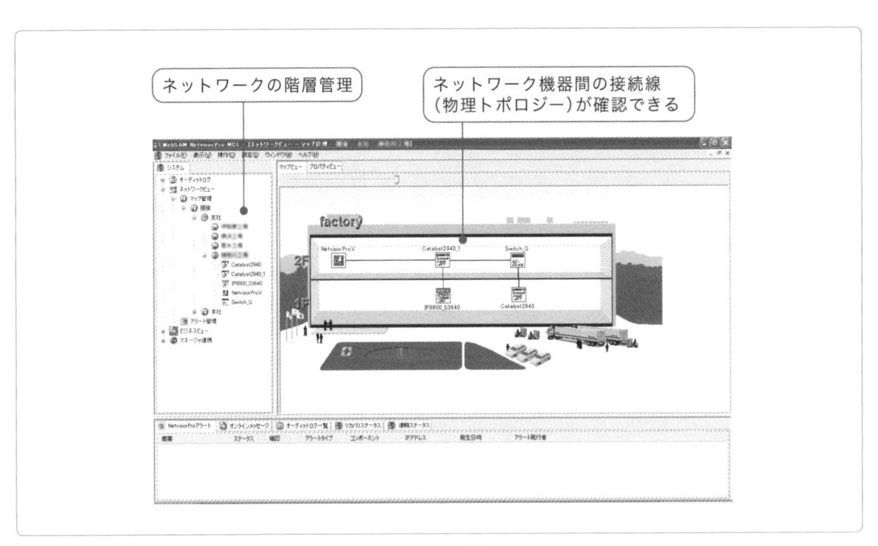

図　ネットワーク構成のマップ表示（WebSAMの例）

図　ネットワーク機器のフロントパネル画面の表示（WebSAMの例）

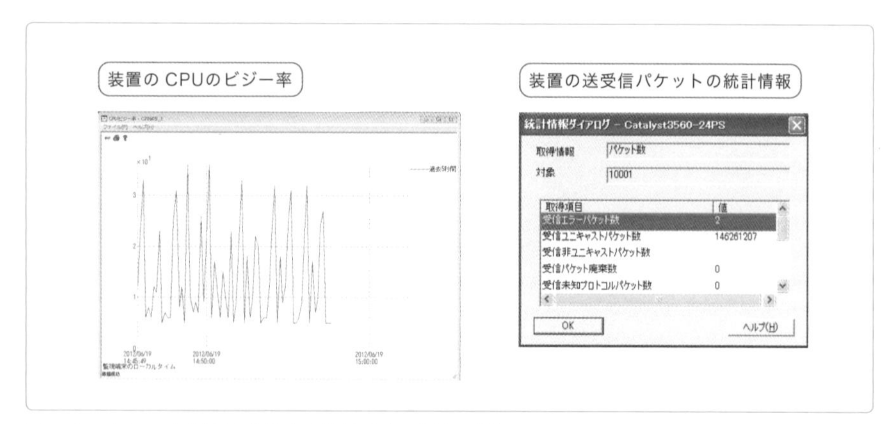

図　ネットワーク機器の状態を把握（WebSAMの例）

現場のメモ　接続線（物理トポロジー）の表示

ネットワーク機器間の接続線（物理トポロジー）は、監視対象のネットワーク機器が多くなると画面上が混雑するため、表示しない運用もあります。

一刻も早く障害を検知することを第一として、視覚的な見やすさを最優先に運用設計を考えることが大事です。

現場のメモ　ネットワーク機器のフロントパネル画面の表示

ネットワーク機器のフロントパネル画面の表示機能は、監視対象のネットワーク機器が少ないときには有効です。視覚的に見やすいため、障害箇所がイメージで一目瞭然です。

一方で、画面イメージを表示するためトラフィックを消費するのと、ポート単位であれば物理的な障害の可能性もあるため、現実的には現地確認を真っ先に実施するのが現場の実態です。機能としては有している、という理解でよいと思います。

障害管理

ネットワーク監視装置は**ネットワーク上の障害を瞬時に検知**するために、次のような機能を備えています。

ネットワーク上の機器を一元監視

ネットワーク機器、サーバー、プリンターなどのネットワーク上に点在する機器を一元的に監視できます。たとえば、CPUやメモリの使用率を常時監視し、リソース不足を事前に検知することで障害を未然に防止できます。

障害発生時も、ネットワーク機器の障害状況を素早く把握し、アラート一覧から障害が発生した機器を特定できます。

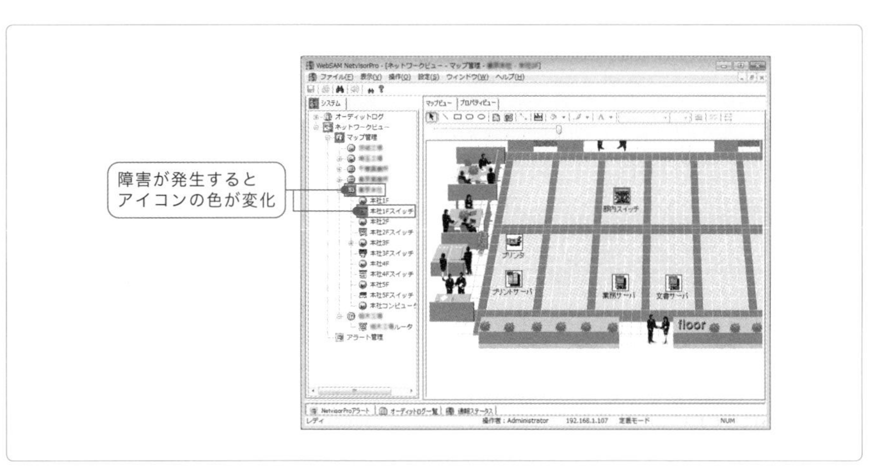

図　ネットワーク上の機器を一元監視（WebSAMの例）

現場のメモ　監視マップ上の色分け設定

監視マップ上のアイコンは色分けが重要です。たとえば次のようなルールで視覚的にわかるように設定します。

異常：赤 ……… ノードダウン

警告：黄色 …… ポート障害

正常：緑 ……… 正常稼動

これにより、どこの拠点で、何の機器が、どのような状況であるか、まずは俯瞰して把握できます。

ネットワーク機器間の接続線の監視

ネットワーク機器間の接続線（物理トポロジー）を監視できます。たとえば、ポートに障害が発生した場合やトラフィックがしきい値を超えた場合などに、一目で状態の把握が可能です。また、回線使用率によって接続線の色を変化させ、重要度を可視化することもできます。

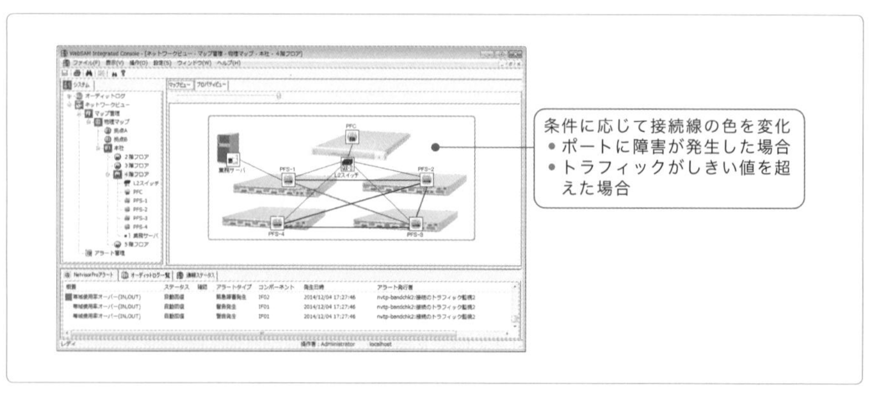

図　ネットワーク機器間の接続線の監視

現場のメモ　ネットワーク監視の死角

ネットワーク監視にも死角があります。たとえば、通信キャリア網内の障害です。お客様宅内の回線と直接つながっている箇所であれば、リンクのダウンを検出し、宅内のルータのWANポートがダウンするため、ネットワーク監視装置でエラーを検知することができます。しかし、その先の通信キャリア網内の設備障害の場合は、お客様宅内に設置しているネットワーク監視装置では検出できません。お客様からの申告や、通信キャリアの監視員からの申告ではじめて障害であることが判明することになります。

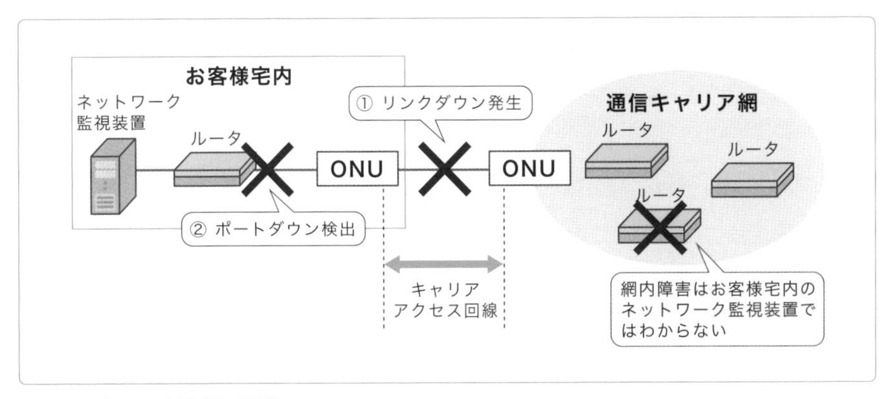

図　ネットワーク監視の死角

表　ネットワーク機器の監視方法

監視方法		監視条件
状態監視	死活監視	• IPアドレスを持つ機器であれば監視可能
	MIB監視	• 機器の持つ情報（MIB）すべてが監視対象 • 機器の状態をしきい値で監視可能
SNMPトラップ		• 何らかのイベント発生時にネットワーク機器から通知 • 機種ごとの詳細な状態情報を確認可能

▶▶ 監視方法については3-3節で、SNMPとMIBについては3-5節で解説します。

アラート表示

特定ネットワーク機器のアラートを絞り込んで表示できます。装置から出力されるSyslogを1行ずつ解析するのは、とても非効率です。アラート表示の条件指定で見たいものだけを表示することで、簡単に障害発生原因を特定できます。この機能により、重要な障害の見落としも防止できます。

また、障害時には、同じアラートが大量に発生し、他のアラートが埋もれてしまうことがあります。そのようなときには、アラートの集約機能を使うことで重要な障害の見落としも防止できます。

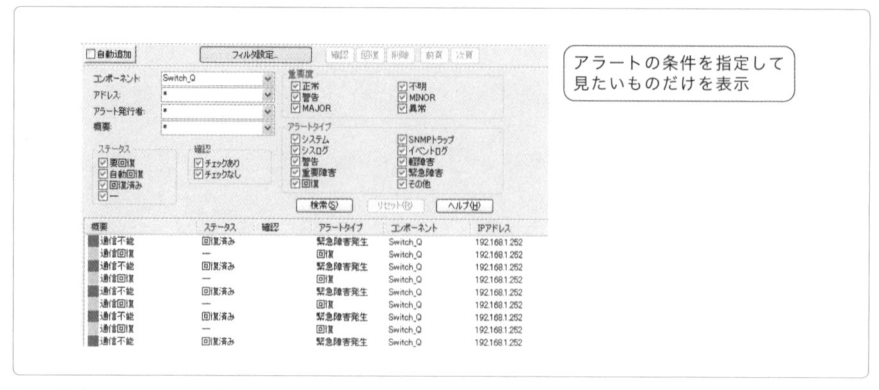

図　特定ネットワーク機器のアラート表示

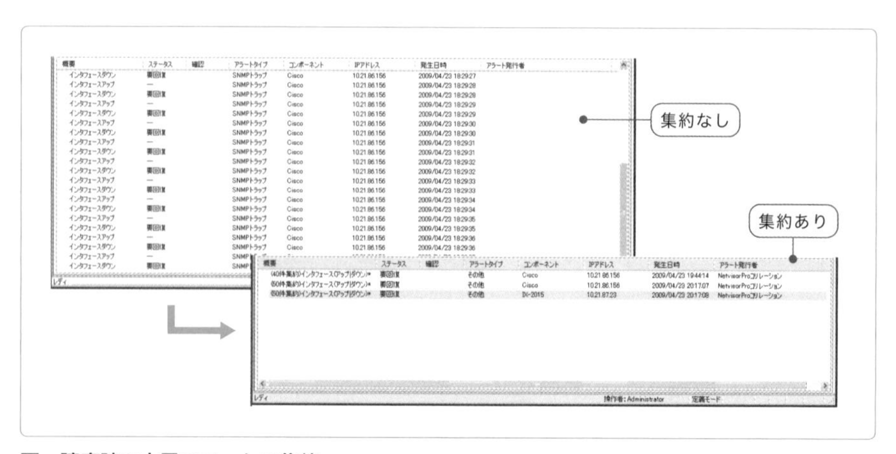

図　障害時の大量アラートの集約

現場のメモ ソート機能を使いこなす

たとえば、同じ拠点に設定してあるネットワーク機器でソートすると、拠点ごとのアラート状況を効率よく確認できます。また、特定ホスト名でソートすると、その装置の過去のアラートから障害の傾向をつかんだりするのに役立てることができます。

実務のポイント　ネットワーク監視装置の非監視設定

ここまでネットワーク監視装置の主な機能を解説してきましたが、ネットワークを運用する中で、あらかじめわかっている計画作業も当然あります。たとえば、ネットワーク機器の設定変更作業です。その際は、ネットワーク監視装置上でも画面の色が変化したり、アラートが上がったりしてしまい、本当の障害なのか、障害でないのか、運用する側は困ってしまいます。
計画作業や定期的な保守などの時間に合わせて、該当ネットワークの監視を除外するよう、ネットワーク監視装置上で非監視設定が必要となります。

性能管理

ネットワーク監視装置は、**MIB監視でトラフィックの情報を収集**することができます。ネットワーク運用管理者はその情報をもとにネットワークトラフィックの傾向を分析し、性能レポートとして報告できます。

具体的には、プロトコル別、IPアドレス別、サービスポート別にトラフィック情報を収集・分析し、異常なトラフィックについて、その発信元、送信先などを特定します。

代表的な機能としては、次のようなものがあります。

- 日・週・月・年単位のレポートを自動作成
- あらかじめ指定したしきい値を一定回数以上超えるとアラートを出力

どこから、どこに、どんなトラフィックが流れているか、収集したトラフィック情報の傾向をデータが多い順にグラフ化するなどの機能もあります。この情報をもとに将来のトラフィック（データ量）を予測し、回線の増強やネットワーク全体の増強を図る計画（キャパシティープラン）を立てたりします。

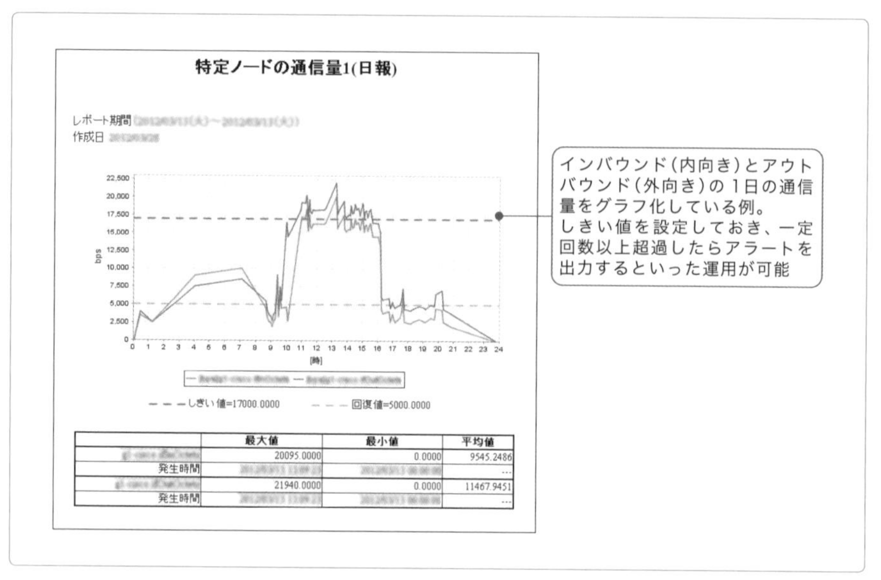

図　WebSAMが作成したレポートの例

テンプレートに機器・ポート番号を設定するだけで日・週・月・年単位のレポートを自動作成できる。

3-3 一般的な運用監視

ネットワークの規模により運用監視方法は異なる

ネットワークの運用監視は、**ネットワークの規模によりその方法が異なります**。大きくは「中小規模ネットワーク」と「大規模ネットワーク」に分けられます。本書でいう中小規模ネットワークとは監視対象とする機器が20台以下で、大規模ネットワークは21台以上を想定しています。

中小規模ネットワークでの運用監視

一般的に中小規模ネットワークでは、ネットワーク監視装置を自前で導入するケースはごくまれです。管理するネットワーク機器の台数もさほど多くなく、コスト面でもメリットが小さいからです。

そのようなときには、ネットワーク監視装置を自前で導入するのではなく、**運用・保守会社が提供している監視サービス利用する**か、もしくは**ユーザーからの申告を受けてから運用・保守会社に連絡し、リモート接続で障害切り分け**を行います。後者は監視センターによる常時監視ではありませんので、ユーザーから申告があった後の迅速な原因特定が重要となります。

大規模ネットワークではネットワーク監視装置を導入する

一般的に大規模ネットワークでは、**ネットワーク監視装置を導入して監視を実施**します。管理するネットワーク機器の台数も多くなりますし、ネットワーク障害がお客様のビジネスに多大なるダメージを与えるからです。

コストはかかりますが、障害発生時に要する対応時間の長さやビジネスでの機会損失を考えると、導入は避けられません。管理するネットワーク機器が数台であれば障害切り分け作業もさほど時間はかかりませんが、これが数十台、数百台になると障害箇所の断定に多くの時間を費やすことになるからです。

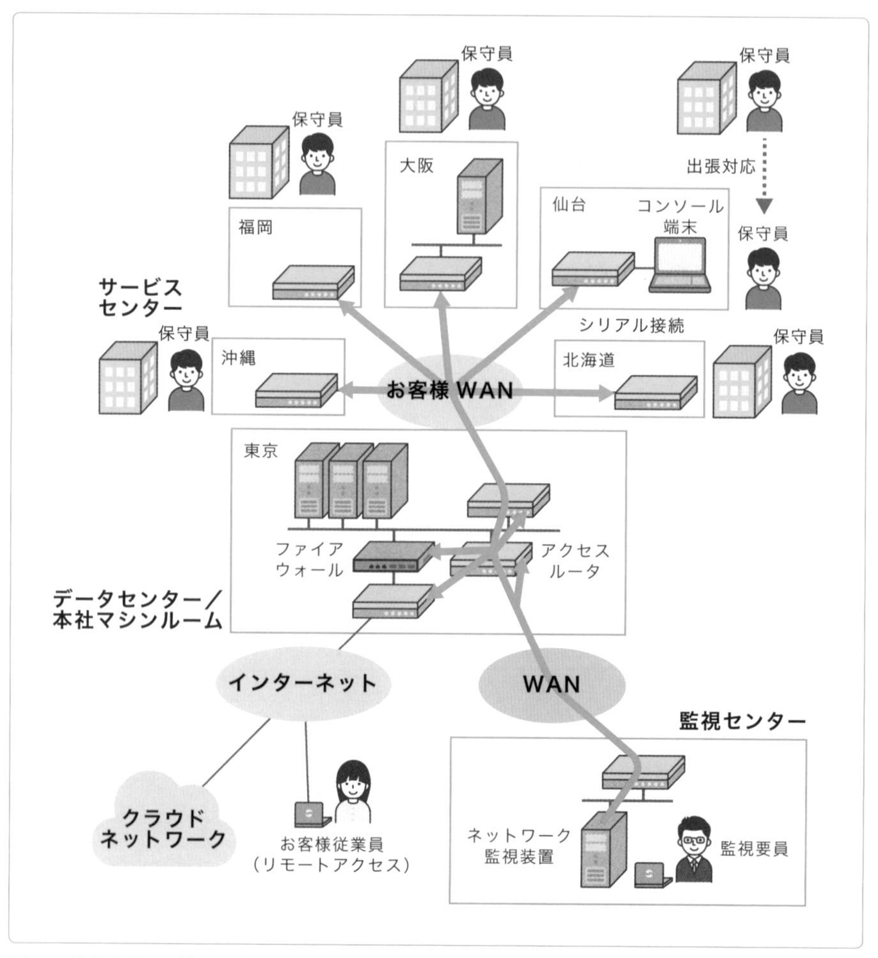

図　一般的な運用監視方法（大規模ネットワーク）

ネットワーク監視装置を導入することによって、常時運用監視が可能になります。お客様のネットワークを常時運用監視することにより、障害発生を迅速に検知できます。また、万が一障害が発生しても、監視要員はネットワーク監視装置が検出した情報をもとに、すぐに原因解析に取り掛かれます。いつ障害が発生したかや、障害発生の前後の状況など、時系列に関係する情報もネットワーク監視装置では追うことが可能です。

ネットワーク監視装置の仕組み

ネットワーク監視装置の仕組みは大きく2つに分けられます。監視装置からのpingによるもの（死活監視）とSNMPを使った監視です。

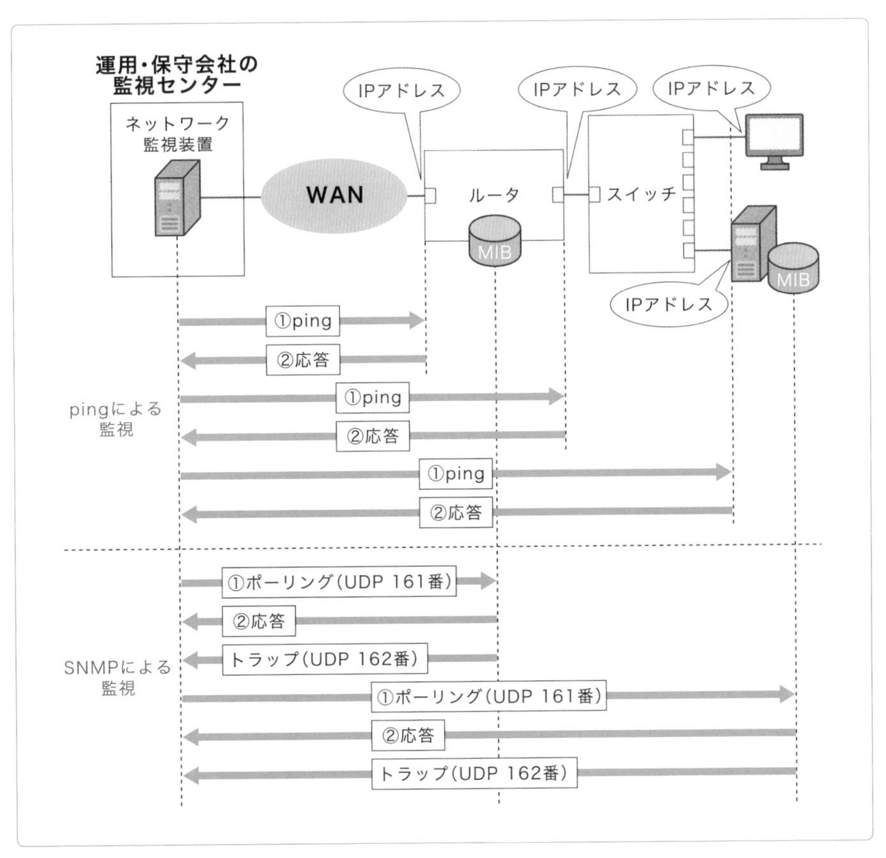

図　ネットワーク監視装置の仕組み

pingを使った監視

pingを使った監視は、ネットワーク監視装置から監視対象となる機器本体やインタフェースに対してpingを送り、応答が返ってくるかどうかで死活状態（稼動しているかどうか）を調べます。

pingは定期的に発信して、機器に死活状態を問い合わせます。このことをポーリングといいます。ネットワーク監視装置上でポーリング周期の設定を行います。ネットワーク回線の帯域や機器の台数にもよりますが、5分間隔以内とし、pingのやりとりが完了するまでの許容時間（タイムアウト）は1秒が望ましいです。これで指定したIPアドレスに対し、定期的にpingの自動発信ができます。この方法を使うことで、複数の監視対象の機器に対し、効率よく死活監視ができます。

SNMPを使った監視

SNMPを使った監視は、ネットワーク監視装置からのMIB監視（ポーリング）と、監視対象の機器からのSNMPトラップを収集する監視があります。

SNMPによるMIB監視は、pingによる監視よりも詳しく状態を知ることができます。たとえば、機器本体やインタフェースの送受信パケット数やCPU使用率、メモリなどの機器のリソースについても調べることができます。

▶▶ SNMPを使った監視については3-5節で詳しく解説します。

表　ネットワークの規模ごとの一般的な監視方法まとめ

規模	監視方法	プロトコル	監視内容
小・中	監視装置からpingを使って監視	ICMP	機器本体やインタフェースの死活状態を調べる
中・大	監視装置からMIB監視（ポーリング）を使って監視	SNMP	機器本体やインタフェースの性能を測定する。たとえば、送受信パケット数、CPU負荷など。メモリなどの機器のリソースについても調べることができる
中・大	監視対象の機器からのSNMPトラップを収集して監視	SNMP	突発的な機器本体やインタフェースの状態変化を監視装置へリアルタイムに通知する

3-4 ネットワーク監視装置の導入パターン

ネットワーク監視装置の導入には、大きく2つの方法があります。個別監視接続と共用監視接続です。

表　個別監視接続と共用監視接続の比較表

	個別監視接続	共用監視接続
監視装置の資産	お客様もしくはリース会社	運用・保守会社（他のお客様と共用）
監視装置の設置場所	お客様管理のマシンルームもしくは運用・保守会社管理のデータセンター	運用・保守会社管理のデータセンター
監視装置の指定	可	不可
サービス	自由にカスタマイズ可能	サービスプランから選択
費用	高価	安価

個別監視接続

個別監視接続は、監視するサービス内容や接続方法についてお客様の要望にすべて応え、柔軟に対応できるのが特徴です。

ネットワーク監視装置はお客様の資産（リースするケースもあります）となるので、お客様の希望した機種、構成が選べます。お客様システム専用のネットワーク監視装置なので、カスタマイズも自由に行えます。

一方、運用・保守会社側の視点に立つと、対象とするお客様が増えるほど、それだけ監視センター内にネットワーク監視装置が増えることになります。100ユーザー増えれば、100台のネットワーク監視装置が必要です。

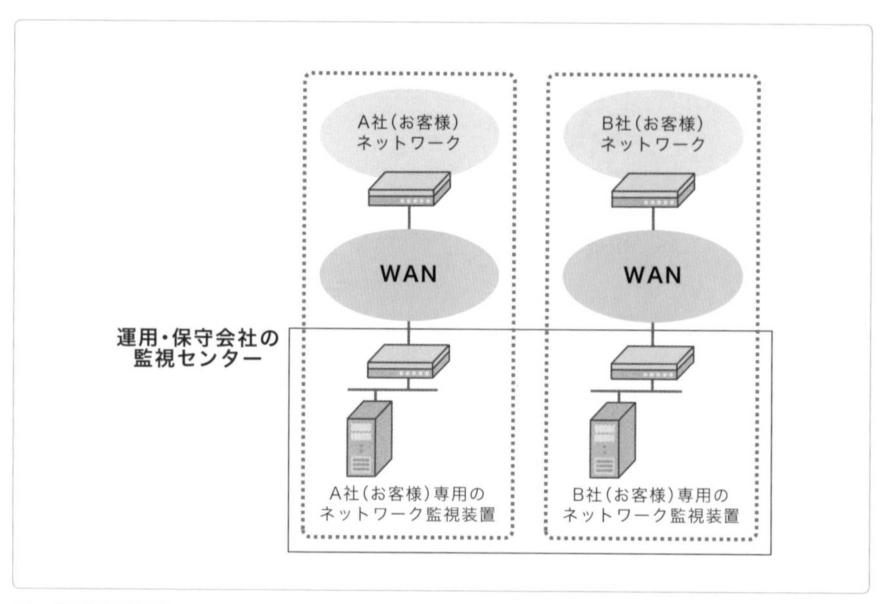

図　個別監視接続

ネットワーク監視装置を運用・保守会社に設置する場合でも、ネットワークのアドレスはお客様のアドレス体系のままです。上図のように、**お客様ネットワークの1拠点として運用・保守会社を追加する**というイメージです。別の言い方をすると、運用・保守会社内にA社とB社のネットワーク監視装置が隣同士に設置してあっても、異なる会社である以上、アドレスの割り当ては独立していることになります。

ネットワーク監視装置を設置している場所を物理的・論理的な観点で考えた場合、以下のことがいえます。

ネットワーク監視装置の所在は？

- 物理的な場所はお客様のビルとは別。言い換えると、運用・保守会社内に設置してある
- 論理的な場所（アドレス体系）はお客様と同じ。言い換えると、お客様ネットワークの拠点の1つ

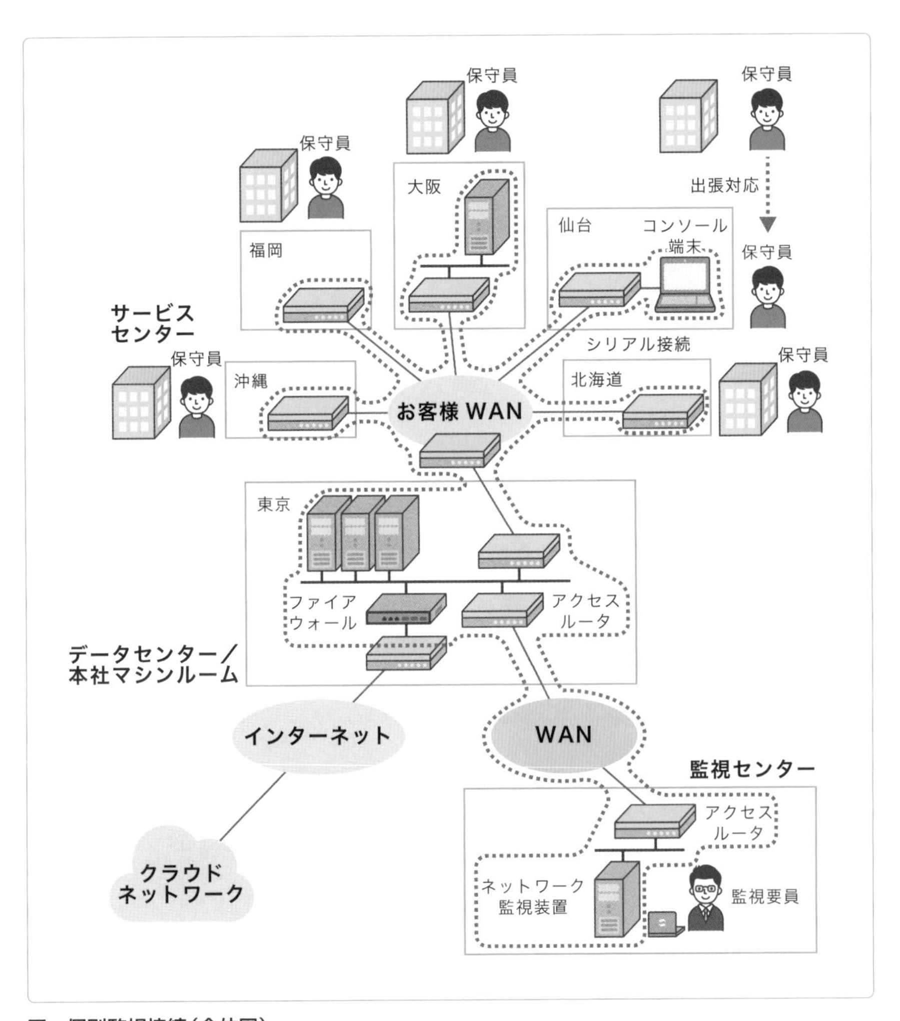

図　個別監視接続（全体図）
点線で囲った範囲がお客様ネットワークのアドレスを使用している。

共用監視接続

他方、共用監視接続は、**運用・保守会社が用意した監視サービスプランの中からお客様が希望するサービスを選択**します。個別監視接続の方法と異なり、選択肢が限られます。しかし、お客様側で資産を購入する必要がないため、初期費用を抑えてサービスが利用できるメリットがあります。

具体的なサービス例

運用・保守会社（サービス提供側）は、監視センターに設置してある監視装置からお客様ネットワークに対して常時監視を行います（次図の①）。その監視結果は、各社ごとに運用・保守会社のデータベースに蓄積されます。

お客様は自社ネットワークの状態をいつでも閲覧することができます。たとえばA社のお客様であれば、お客様自身がネットワークを経由して運用・保守会社の監視センター内にある公開サーバーにログインし、A社のネットワークの状態を確認できます（次図の②）。

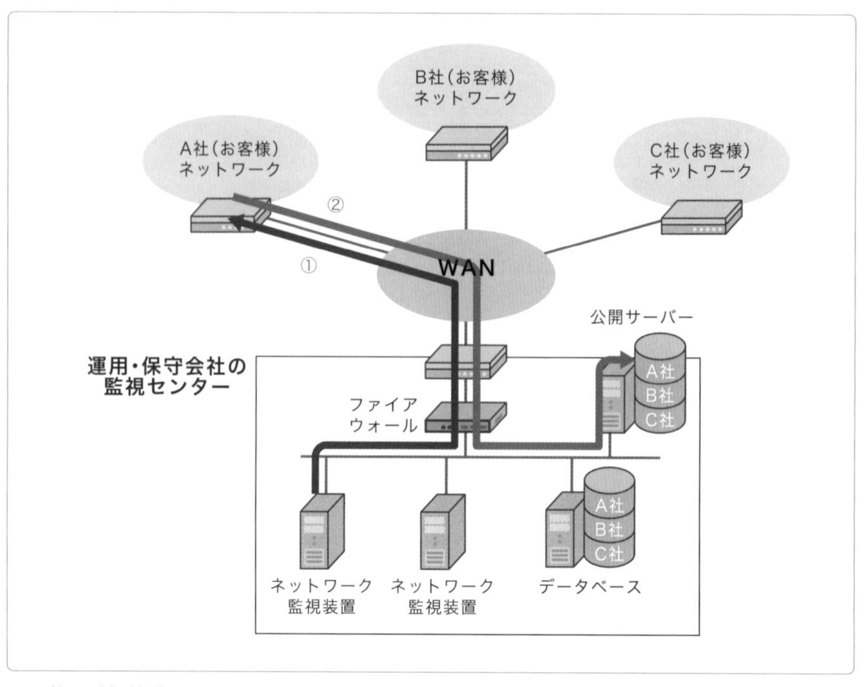

図　共用監視接続

この仕組みを使うことで、お客様は自身のネットワークに不具合が生じれば契約している運用・保守会社から障害の通知を受信できますし、自身が状態を確認したいときに、いつでもネットワークの状態を確認することができます。この方法で、ネットワーク監視装置をサービスとして利用できるわけです。

3-5 SNMPを使った運用監視

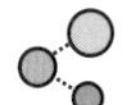

SNMPとは

SNMP（Simple Network Management Protocol）は、SNMPサーバーからネットワーク機器の監視や制御をするときに使われるプロトコルです。つまり、ネットワークを管理するための専用プロトコルと考えればよいでしょう。

SNMPで実現できるのは、次のようなことです。

- 機器の稼動状態を一括して定期的に監視する
- 障害発生時、即座に状態を監視装置に通知する

たとえば、CPU使用率が非常に高くなっている機器の状況などもネットワーク監視装置で知ることができます。それにより、ネットワーク障害の予兆を事前に検知可能です。

SNMPを使うための条件

便利なSNMPですが、すべてのネットワーク機器やサーバーで利用できるわけではありません。SNMPを使うための前提条件は次の3つです。

- IPネットワーク環境がある
- 管理用サーバーがある（SNMPサーバー）
- SNMPプロトコルに対応した機器である

初めの2つの条件は当たり前のことなので解説は省略しますが、そもそも

SNMPのプロトコルを使ったやりとりができるのは、SNMPに対応した機器に限ります。

SNMPに対応しているか否かは、ネットワーク機器のカタログに記載されている仕様欄を見ればわかります。

SNMPの構成要素

SNMPは、構成要素として大きく4つの要素を組み合わせることで成り立っています。

- マネージャ（SNMPサーバー）
- エージェント
- SNMPプロトコル
- MIB

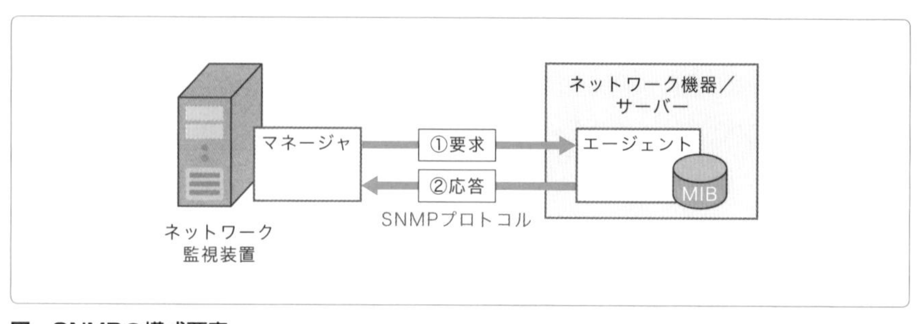

図　SNMPの構成要素
SNMPはマネージャ、エージェント、SNMPプロトコル、MIBの4つの構成要素を組み合わせて成り立っている。

マネージャ

マネージャは、**ネットワーク監視装置（サーバー）上にインストールして使うソフトウェア**です。マネージャがインストールされたサーバーのことを、「SNMPマネージャ」もしくは「SNMPサーバー」といいます。

SNMPマネージャは、SNMPプロトコルを使ってネットワークの運用や管理に必要な情報を収集し、運用管理者が見やすいように処理してくれます。

エージェント

エージェントは、**ネットワーク機器やサーバーが持つ機器の状態情報を通知する機能**です。状態情報を保有した機器のことを本書では「SNMP対応機器」と定義します。

エージェント機能を有効にするには、ネットワーク機器にSNMPのコンフィグレーション設定が必要です。SNMPトラップ通知先（SNMPマネージャのIPアドレス）やSNMPコミュニティの設定を行います。SNMPコミュニティとは、SNMPで管理する範囲のことです。SNMPマネージャとSNMPエージェントとの間で、同じコミュニティネームにします。

▶▶ コミュニティネームについてはp.79から解説します。

現場のメモ SNMP通信にもアクセス制限を

意外に行われていないのが、SNMP通信のセキュリティ対策です。お客様の業務の通信ではありませんが、悪質なSNMPマネージャを設置され、情報漏えいすることは避けなければなりません。

コミュニティネーム（p.79）の設定だけでなく、アクセス制限が必要です。SNMPマネージャのIPアドレスを指定して、不要なアクセスを制限しましょう。

SNMPプロトコル

SNMPプロトコルはTCP/IPのアプリケーション層プロトコルの1つです。プロトコルはUDPパケットに乗せてやりとりをします。

ポート番号は161番と162番を使います。SNMPプロトコルは1988年に開発され、RFC 1157で規定されました。

MIB

MIB（Management Information Base）とは、**SNMPで管理されるネットワーク機器やサーバーが、自分の状態を外部に知らせるために公開する管理情報**のことです。公開する管理情報には、装置名やインタフェースの稼動状態、トラフィック量などの詳細情報が含まれます。

MIBには、RFC 1156で規定されているMIB1と、RFC 1213で規定されているMIB2があり、現在主流なのは後者です。また、MIBに対応している機器に一般的に実装されている標準MIBと、機器メーカーごとに仕様の異なるプライベートMIBがあります。

MIBの構造は、次図のように**ツリー構造になっていて、ツリー構造の節（ノード）は番号を付けて表す**決まりになっています。この番号列をオブジェクトIDといいます。

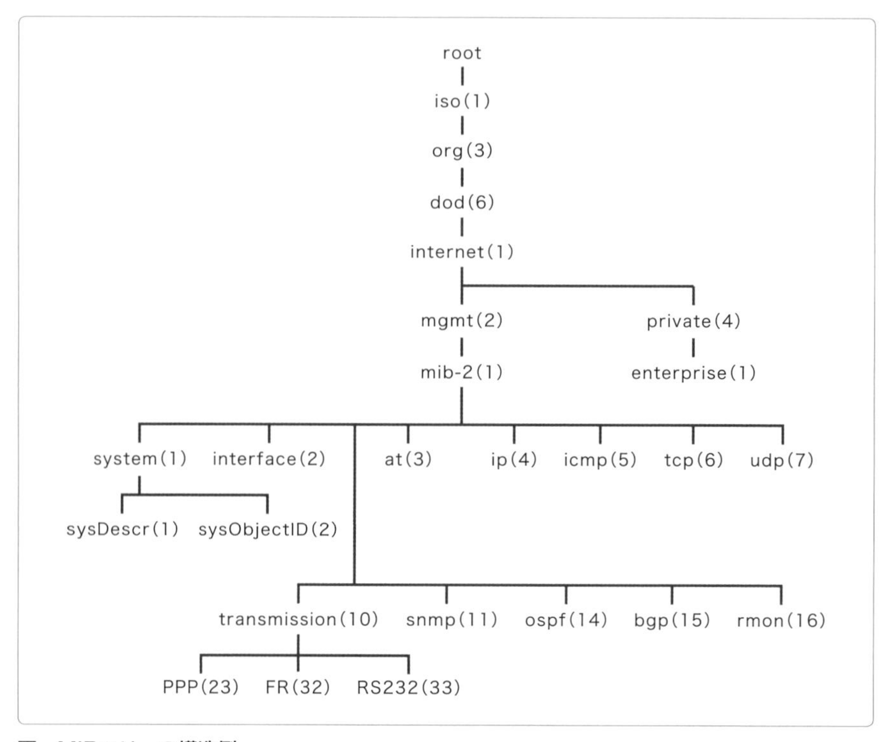

図　MIBツリーの構造例

オブジェクトIDはrootより下位のオブジェクトグループ番号をドットで区切って表現します。たとえばinterfaceというMIBをオブジェクトIDで示すと1.3.6.1.2.1.2になります。上図で確認してみてください。

現場のメモ プライベートMIBには注意！

プライベートMIBには注意が必要です。というのも、ネットワーク機器メーカー側で、MIBの仕様を変更できてしまうからです。実際、ネットワーク機器の不具合で機器のファームウェアをバージョンアップしたら、知らぬ間にMIBの場所が変更されていて、今までネットワーク監視装置で収集できていた情報が取れなくなってしまったという話もあります。

マネージャとエージェントの役割

SNMPによるネットワーク管理は、管理対象となるネットワーク機器のエージェントと、管理する側であるSNMPサーバー（マネージャ）との通信によって実現されます。

互いの役割とその主なやりとりについて解説します。大きくは以下の3つです。

- 情報の要求と応答
- 設定の要求と応答
- 状態変化の通知

情報の要求と応答

マネージャからエージェントに**対象機器の情報を要求**します。エージェントは**情報をマネージャに応答**します。

ネットワーク監視装置から、ルータやスイッチなどのネットワーク機器が持つインタフェースの設定情報や統計情報を吸い上げる、といった作業をイメージすればよいでしょう。

設定の要求と応答

マネージャからエージェントに**対象機器の設定変更を要求**します。エージェントは**設定を変更し、その結果をマネージャに応答**します。

ネットワーク監視装置から、ルータやスイッチが持つインタフェースのコンフィグレーション変更作業を行うイメージです。

状態変化の通知

エージェントからマネージャに**対象機器の状態変化を通知**します。

ルータやスイッチのインタフェースが障害などによってダウンした際、ネットワーク監視装置へ障害アラートを通知する場面をイメージするとよいでしょう。

また、マネージャとエージェントの間で情報をやりとりする方法には、ポーリングとトラップの2種類があります。以下、それぞれについて詳しく見ていきましょう。

ポーリング

ポーリングとは、マネージャが定期的にエージェントから管理情報を引き出す動作をいいます。

具体的には、マネージャであるSNMPサーバーが、エージェントであるネットワーク機器（ルータやスイッチなど）やサーバーに対し、定期的に稼動状況についての情報を要求します。それに対しエージェントであるネットワーク機器やサーバーは、マネージャに対して要求された管理情報を応答する仕組みです。ポート番号としては、UDP 161番が使われます。

レイヤ2スイッチのポート状態の監視

ネットワーク監視装置は、**ポート単位でIPアドレスを持たないレイヤ2スイッチのポート状態**を監視するために、ポーリングによってMIBの情報を引き出します（MIB監視）。

具体的には、マネージャであるSNMPサーバーからエージェントであるレイヤ2スイッチにポート状態を要求します。SNMPプロトコルに対応したレイヤ2スイッチでは、MIBの中に格納されているインタフェース状態、つまりポート状態の情報を、SNMPサーバーであるマネージャに応答します。たとえば次図のようにサーバーがつながっているポートがダウンしていれば、レイヤ2スイッチはSNMPサーバーに応答する際にポートダウンの情報を返します。SNMPサーバーは、この情報をもとに障害を検知します。

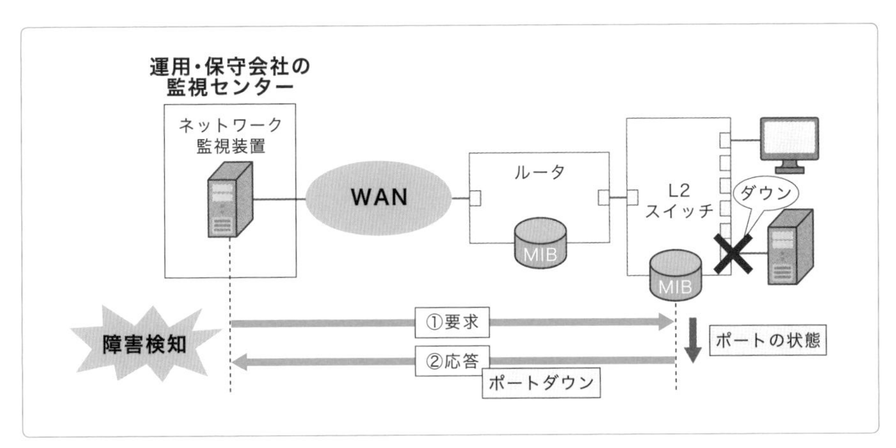

図　レイヤ2スイッチのポート状態の監視

現場のメモ **障害検知はパトランプとの連動を**

障害は、ネットワーク監視装置上で通知するだけでは不十分です。ネットワーク監視要員がいちいちネットワーク監視装置を見て気づくのでは障害検知にロスが生じます。パトランプにも通知をさせ、発報、そして色で視覚的にネットワーク監視要員が気づく仕組みが不可欠です。

装置環境の監視

ポーリングによるMIB監視では、**IPアドレスを持たない電源やCPU状態**などを監視することもできます。これはレイヤ2スイッチに限らず、ネットワーク機器全般やサーバーにもいえることです。

SNMPのポーリングによって、2重化された電源、ファン、装置の温度状態などの情報をMIBから引き出します。これにより、片系の電源やファンが故障すると即座にSNMPサーバーで障害を検知することができ、ネットワークのダウンを未然に防ぐことができます。

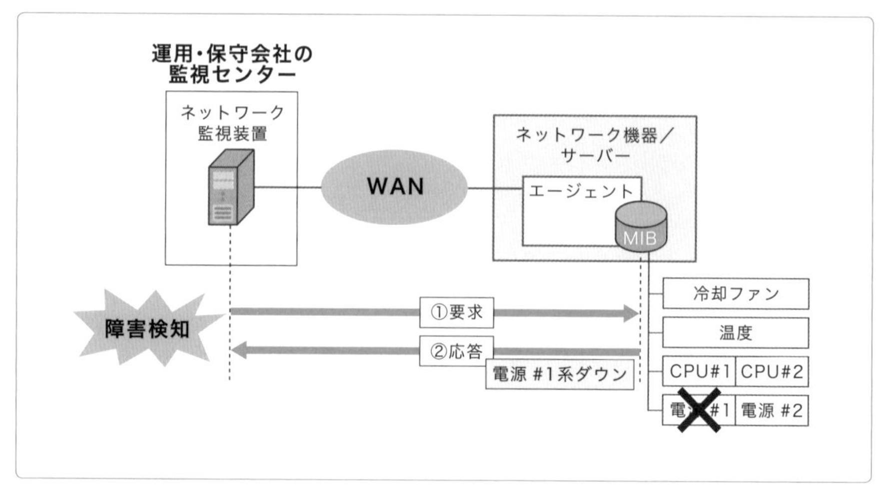

図　装置環境の監視

たとえば、上図のように電源#1系がダウンすると、その情報がMIBに情報として格納されます。ネットワーク監視装置は一定の間隔でSNMPのエージェントに対してポーリングをかけますので、MIBの情報を見ることになります。つまり、応答メッセージの中に「電源#1系がダウン」という情報を乗せてSNMPマネージャに伝えることになります。これにより、監視装置は電源#1系の障害を検知できます。

ポーリングの落とし穴　～すべての監視が不可になる

ここまで解説してきたように、ポーリングによるMIB監視を実施することで、数多くのネットワーク機器やサーバーを効率よく管理できます。しかし、落とし穴もあります。たとえば、次図のように、監視センターからお客様WANを介して各拠点のネットワーク機器に対してポーリングをする場合です。**データセンターと監視センター間のネットワークに障害が発生すると、お客様ネットワークにポーリングが行き届かなくなります**。

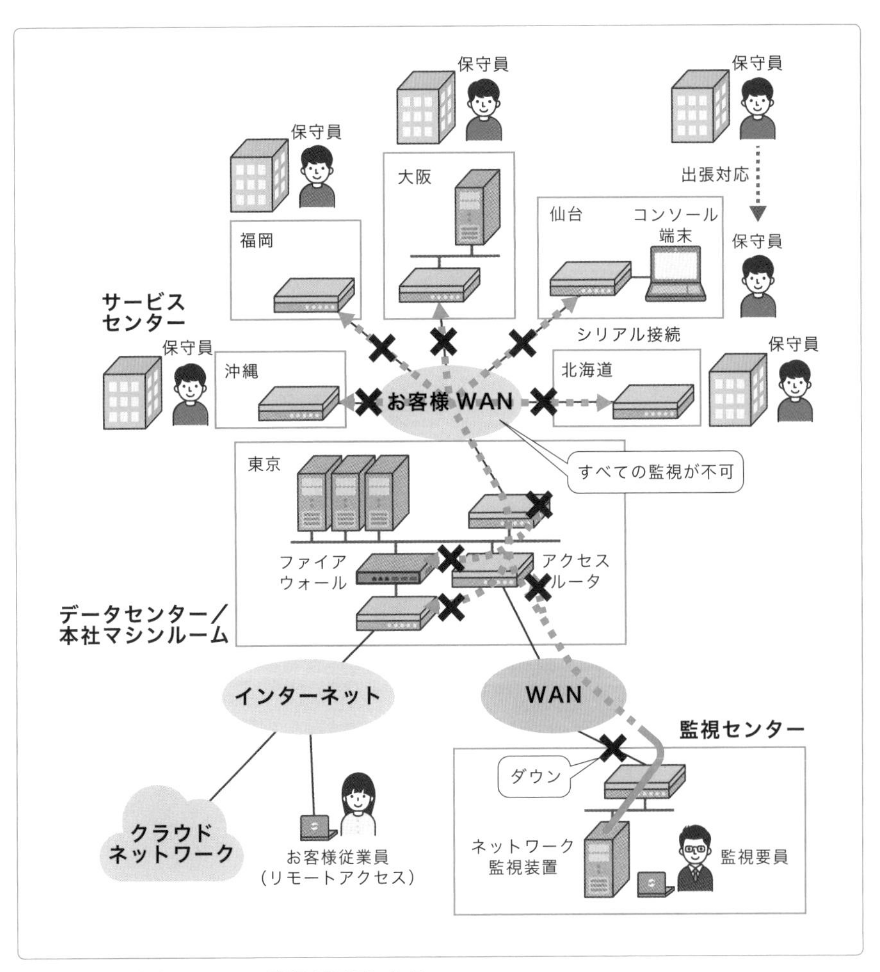

図　WANの障害ですべての監視が不可になる

データセンター内のアクセスルータがダウンした場合や、アクセスルータ間を結ぶネットワークに障害が発生した場合、ポーリングでWANを介したお客様ネットワークの監視はできません。SNMPサーバー（ネットワーク監視装置）から見ると、すべてのネットワークがダウンしていると見えてしまいます。

監視ができませんので、このような事態が生じた際は、現場に保守員を出動させ、現地の状況を確認するしかありません。

すべての監視が不可になる事態を回避するには

上記のような事態を回避するには、**WAN回線を冗長化**する必要があります。こうすることにより、従来使用している回線がダウンしても、次図のように迂回路を使ってネットワーク監視が継続できます。

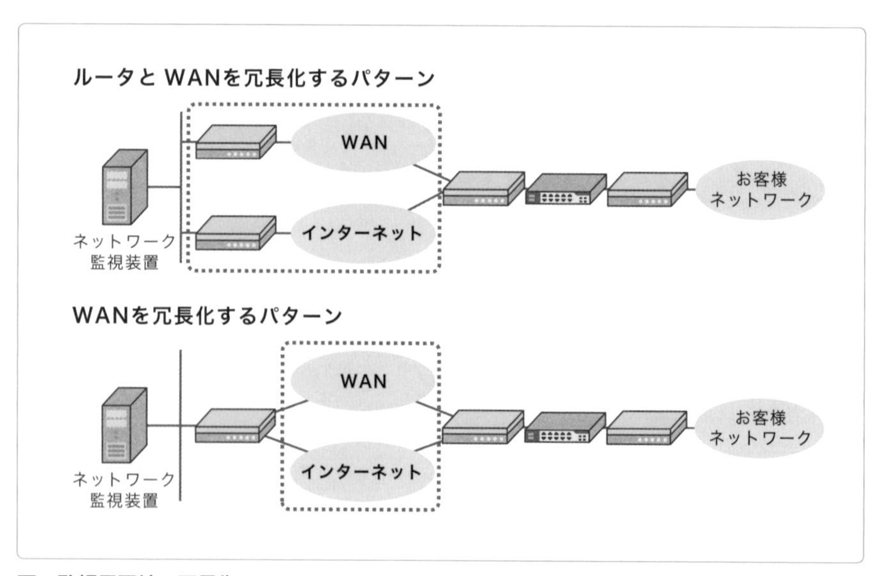

図　監視用回線の冗長化

しかし割り切って考えると、お客様（サービス利用側）の立場からすれば通信には影響がなく、監視する立場の人たちにとっての不都合が生じているともいえます。

監視用の回線も冗長化すべきなのか？　それとも、そのコストをユーザーデータが運ばれる実ネットワークのほうへ投資すべきか？　最終的にはネットワーク管理者とその会社のポリシーで判断することになります。

現場のメモ　監視用のWAN回線

よほど重要な機器の監視でないかぎり、監視用のWAN回線としては、インターネット回線（インターネットVPN）や低速な専用線などの比較的安価な回線を用いることになります。もしくは通信のバックアップ用回線を通常時は監視用回線として使用するという方法もあります。

トラップ

トラップ(Trap)は、ルータやスイッチ自身の状態に何らかの変化が起きた(たとえば障害が発生した)際などに、**エージェントであるルータやスイッチが自発的にマネージャであるSNMPサーバーへ情報を通知する**方法です。ポートはUDP 162番が使われます。トラップは、ポートダウンの検知や装置自体の温度上昇の検知などに利用されます。

ポーリングはマネージャからの命令でしたが、トラップはエージェントからの自発的な通知である、というのが特徴です。SNMPサーバーはトラップを受信することにより、障害を検知することができます。

SNMPサーバーは、マネージャである自身が定期的に発信するポーリングによるMIB監視とエージェントから突発的に発せられるトラップの監視を併用することにより、ネットワーク監視を行っているのです。

たとえば次図のようにルータのイーサポートがダウンすると、ルータは「イーサポートのダウン」という情報をトラップ通知としてSNMPサーバーへ送ります。同様に、レイヤ2スイッチのポート1がダウンすれば、トラップメッセージを通じてSNMPサーバーに情報を送ります。

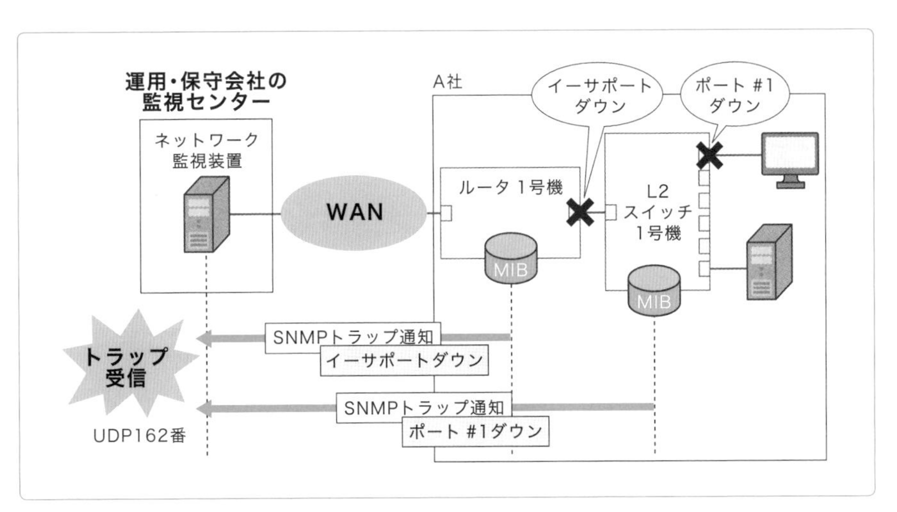

図　トラップ

SNMPサーバーは、それらのトラップを受信して障害を検知します。この場合、SNMPサーバーでは「A社ルータ1号機のイーサポートがダウン」「A社レイヤ2スイッチ1号機のポート#1がダウン」という障害を検知することになります。

トラップの落とし穴　～トラップ通知が届かない

トラップにも落とし穴があります。ポーリングと同様、通知する経路がダウンした場合です。その際はトラップ通知がSNMPサーバーには届きません。

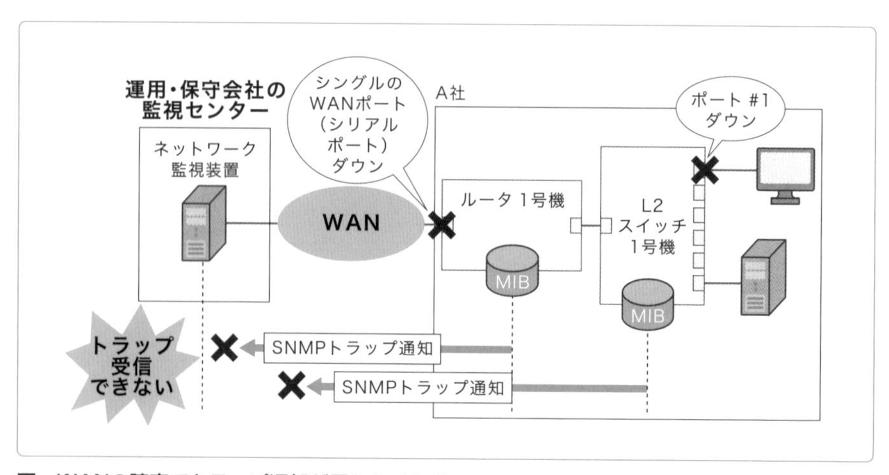

図　WANの障害でトラップ通知が届かなくなる

仮にWAN回線が冗長化していれば、迂回路を通じて「WANポートがダウンした」というメッセージをSNMPサーバーへ届けることができます。しかし、上図ではその経路が1つですのでメッセージは届かず、SNMPサーバーとしては、ただ単に「ルータがダウンした」という程度の認識しかしません。つまり、SNMPサーバーは、ルータ自体がダウンしたのか、ルータのWANポートに障害が生じたのかということまでは判断できません。

コミュニティネームとは

SNMPプロトコルでマネージャがエージェントと通信する際には、コミュニティネームの設定が必要です。コミュニティネームは管理対象とする機器をグループ化するために使われ、**マネージャとエージェントが同じコミュニティネームの場合のみ通信のやりとりが行われます。**

マネージャとエージェントは、コミュニティネームが一致しないと通信できません。コミュニティネームに使われるパラメータは、ある意味パスワードの役割を果たしています。ただ、古いSNMP（SNMPv1）ではパケットは暗号化されず、コミュニティネームはプレーンテキスト（平文）のままネットワーク上を流れます。

現在では課題であったセキュリティ面の改良が施され、2002年にSNMPv3が正式なインターネット標準管理仕様となっています。暗号化もなされ、現在の主流となっています。

また、エージェントは複数のマネージャと通信させることができます。その際には、エージェント側に複数のコミュニティネームを設定します。

SNMPの必要性

今日のネットワーク環境においては、SNMPのような仕組みを使わずにネットワーク全体を管理することは困難になっています。それは、以下のような背景からです。

- 何でもネットワークにつながる時代
- 複数のベンダー製品が組み合わされて運用されている
- ネットワーク機器が機能単位で広範囲に分散している
- ネットワーク構成が複雑化し、障害発生時の切り分けも複雑になっている

何でもネットワークにつながる時代

現在はあらゆるネットワーク機器やサーバーがネットワーク上につながる時代です。管理すべき機器が多くなり、ネットワーク管理者にとって重要な

課題となっています。

複数のベンダー製品が組み合わされて運用されている

ネットワーク全体を同じベンダーの製品で統一することは本当に少なくなりました。通信要件を満たせばベンダーは問わず、必要な機能を組み合わせてネットワークを作ります。

ネットワーク機器が機能単位で広範囲に分散している

現在では、企業などの組織においてネットワークインフラが構築されているのは当然として、アプリケーションの部分に注目が集まっています。理由は、テレビ会議や映像配信など多種多様なアプリケーションが増えているためです。

ネットワーク管理者は当然、現状のネットワークへの影響が極力発生しないようにネットワーク全体の機能をアップすることを考えるはずです。そのため、つぎはぎのようにどんどんアプライアンス製品が導入されているのが現状です。

たとえば、ファイアウォールや侵入検知、負荷分散装置などです。他にもたくさんの製品がリリースされています。従来のルータやスイッチの他に、これら上位レイヤの装置まで管理するのは、管理者にとって大変です。

ネットワーク構成が複雑化し、障害発生時の切り分けも複雑になっている

障害対策のための冗長構成や、機能強化のための製品の追加など、ネットワーク構成も多種多様化しています。それに伴い、障害が発生した場合の切り分け作業も複雑になっています。

そんなときネットワーク機器がSNMPに対応していれば、切り分けの手がかりとなる情報をネットワーク監視装置に集め、容易に障害対応ができます。また、CPU使用率やインタフェースの高負荷傾向など、障害の予兆となる現象を事前につかむことできます。

以上の悩みを解決するには、業界標準であるSNMPが適しているといえます。ネットワーク上に導入されている製品が違っても、SNMPに対応してさえいれば、同じ仕組みで管理できるからです。

実務のポイント SNMPにUDPが利用される理由

SNMPはトランスポート層プロトコルにUDPを利用しています。その理由は、ネットワークの輻輳(ふくそう)を回避するためです。簡単にいうと、ネットワーク上の実データの通信に余計な負荷をかけないためです。

SNMPを使う目的は、監視のためのデータのやりとりを行うことです。実際のエンドユーザーであるお客様が利用するデータのやりとりではありません。本来の目的からして、エンドユーザーが利用するデータに影響を与えてはならないのです。

仮にTCPが利用されるとどうなるでしょう。TCPではパケットが相手方にきちんと届いたか確認するのがルールです(パケットの到達確認)。それだけパケットのやりとりが増えます。つまり、ネットワーク上に余計な負荷をかけることになります。UDPではパケットの到達確認を行いません。それゆえSNMPにはUDPが適しているといえます。

実務のポイント SNMP監視の落とし穴

SNMP監視の目的は、障害を早期に検知し、早期に復旧することです。そのためには大前提として、ネットワーク監視画面上で、「人」の目で容易に確認できる必要があります。

よくある落とし穴が、ネットワーク監視装置を導入したけれど、画面上のメッセージがわかりづらい、何を見ればよいのかがわからない、といったケースです。

特に、ネットワークが大規模で監視対象が多い場合、以下に挙げるような工夫が必要です。

1) トラップを出力するネットワーク機器の絞り込み

ユーザーが利用するPCや、デスクの側に置かれる島ハブは、席の流動性が高く、費用対効果の観点からトラップ出力は不要です。アクセススイッチやディストリビューションスイッチ、コアスイッチ、ルータ、ファイアウォールなどネットワークの基盤となる機器を対象とします。

2) 出力されるトラップのレベルの絞り込み

ネットワーク機器がダウン、アップするメッセージの出力は必須です。それ以外の、装置本体のデバッグメッセージの出力は停止し、大量のトラップメッセージ出力による重要なメッセージの取りこぼしを防ぎます。

3) 出力されるトラップの表記のカスタマイズ

せっかく画面上に出力されたトラップメッセージもわからなければ意味がありません。現場ごとに、わかりやすい、共通の言葉にカスタマイズする必要があります。現場特有の言葉などがある場合は注意が必要です。
具体的には以下のような点に注意します。

- ノード障害
  ホスト名は現場の命名規則のとおりとなっているか
- インタフェース障害
  スイッチのポート番号と合っているか
- 重要度の視覚的な表現
  正常：緑　警戒：黄色　重要障害：赤

4) ネットワーク監視装置の冗長化

そもそもネットワーク監視装置がダウンして監視ができない状態では意味がありません。「ネットワーク監視装置がダウンしたからと言って、ネットワークの通信に影響があるわけではない」という考えは古い考え方です。今日では、いかに未然に防ぐかを考えるべきです。

3-6 NetFlowを使ったトラフィック分析

NetFlow(ネットフロー)はシスコシステムズが開発した、ネットワークのトラフィックの情報を可視化して分析するための技術です。ルータやスイッチなどのネットワーク機器に実装されていて、フローコレクター（下図参照）と連動して、トラフィックの宛先、送信元、プロトコル、アプリケーションなどを可視化することができます。

障害の未然防止のために、今後ますます期待される技術の1つです。

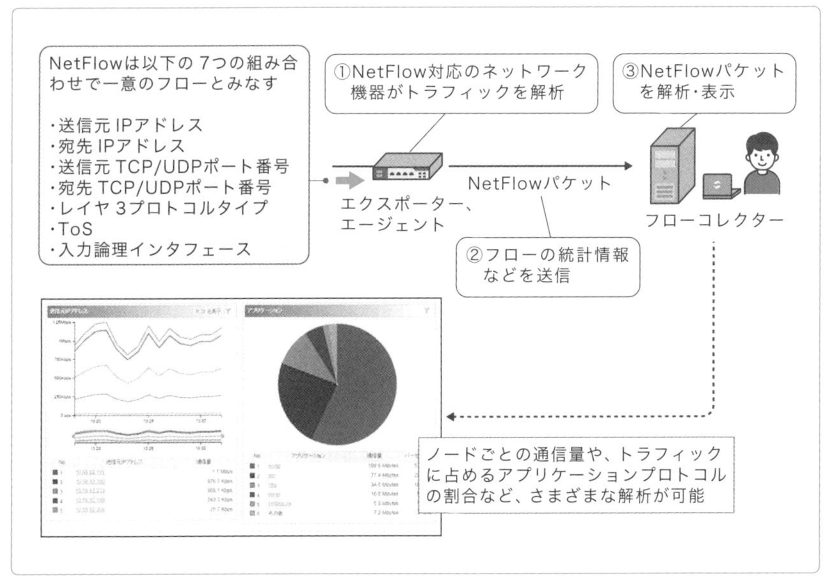

図　NetFlowとは

フローとは

フローとは、**ネットワーク上を流れる共通の属性を持ったパケットの集まりのようなもの**です。

たとえば、送信元IPアドレスと宛先IPアドレス、送信元ポート番号と宛先ポート番号などの属性が同じであれば、そのパケットは同一のフローとみなされます。

例として、あるユーザーが社内のポータルサイトにアクセスした場合、その処理は1フローとみなします。それは、パケット単位で見ると共通の属性を持った複数のパケットの集まりであるという考えからです。

パケットキャプチャとの違い

ネットワークの障害を解析する手法として、パケットキャプチャがあります。パケットキャプチャによる解析は、ネットワーク上を流れるパケットのヘッダ情報だけでなく、ペイロード（実データの中身）ごとキャプチャして解析します。このデータを常時蓄積しておけば、トラフィックをリアルタイムで監視・分析するのに適しているのでは、と思う人もいるでしょう。

確かに、パケットキャプチャによる解析では、ネットワーク上に流れるパケットの内容をすべて把握できるため、詳細な分析が可能です。しかし、これではデータ量があまりにも膨大になるため、ネットワークトラフィックをリアルタイムで分析するのは非現実的です。

NetFlowでもすべてのパケットを対象に解析がされますが、NetFlow対応ネットワーク機器の内部で処理されたフロー統計情報を解析する仕組みであるため、パケットキャプチャと比べて非常に軽量で、大規模・大容量のネットワークにも対応可能です。

現場のメモ　SNMPとNetFlowを併存利用

昨今、ネットワーク上にはトラフィックに影響を及ぼす映像データなど、さまざまなアプリケーションが流れるようになっています。それに伴い、従来のようなざっくりとしたインタフェース単位のトラフィック総量だけではなく、ユーザーやアプリケーション単位でのトラフィックをフロー単位で、きめ細やかに監視・分析する必要が出てきました。

そこで、トラフィック分析にはNetFlowを使った専用アプライアンス製品を使い、ネットワークの障害検知やCPU・メモリの性能管理はネットワーク監視装置を従来どおり利用する、といった運用も増えてきています。

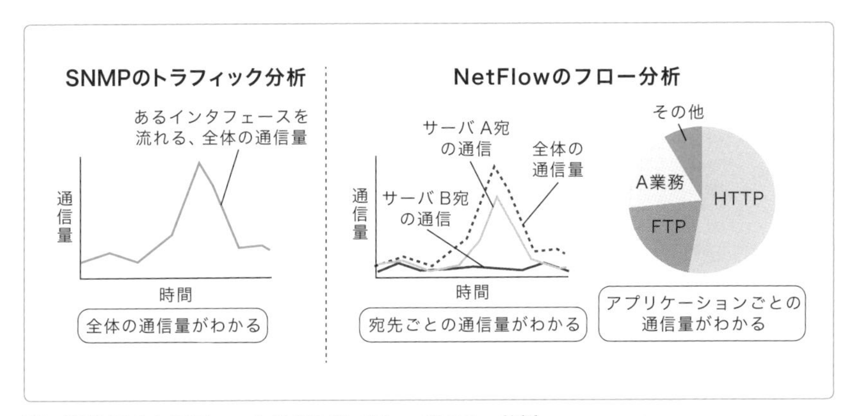

図　SNMPのトラフィック分析とNetFlowのフロー分析

NetFlowの活用例

NetFlowを利用することで、従来よりもきめ細やかなネットワーク分析をリアルタイムで行うことができます。これにより、効率的なネットワークの問題解決および障害の未然防止、さらには増強計画の検討インプット材料にも活用できます。

次ページの図は、通信量が増加したインタフェースに絞り込んでフロー情報を確認し、特定のIPアドレスへのhttp通信が増加したことを突き止めた事例です。最終的にIPアドレスを調べたところWindows Updateの通信であることが判明し、Windows Updateの実行時間をずらすことによって通信負荷を解消しました。

このように、回線にかかる負荷の要因を分析したり、インターネットの利用状況をチェックしたりすることで、障害箇所の早期特定につながります。

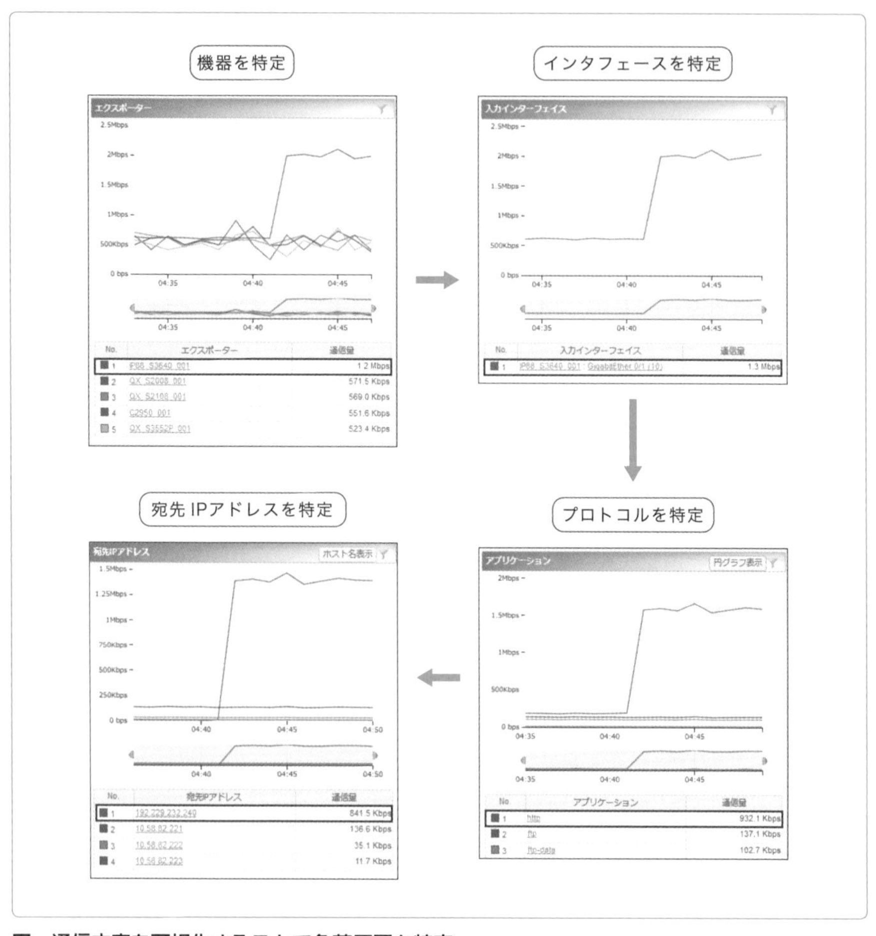

図　通信内容を可視化することで負荷原因を特定

現場のメモ　収集したトラフィック情報の活用

トラフィックの情報を収集する目的は、ネットワーク使用状況の実態把握、障害の未然防止、将来の増強計画の立案です。

実態を把握するためには、トラフィックの可視化が必要不可欠です。トラフィック情報は自動で毎日収集され、蓄積されます。しかし、収集したものを活用するには、「人」が介入しなくてはなりません。ここで、いくらお金をかけて素晴らしい装置を導入しても、よいレポートはできません。これればかりはネットワーク運用管理者によって差が出ることは否めません。

現場のメモ **トラフィック管理の流れ**

トラフィック管理の大きな流れは一般的には下記となります。これを毎月報告し、利害関係者でレビューします。

1. 情報収集 —— 装置で自動収集されたものを月単位で収集・加工します。
2. 追加調査 —— 1項の情報を分析し、しきい値の超過や、前月との過度の差分などがあれば追加調査をします。
3. 報告書作成 —— 1項、2項の結果を踏まえた月次報告書を作成します。
4. 是正検討 —— 利害関係者でレビューし、将来的な改善計画などのインプット材料として蓄積します。

上記1項から４項までを毎月定期的に行い、次年度の増強計画や中長期的な検討材料とします。

また、**NetFlowの通信ログを残すことで、いつ、誰が、どこで、何をしたかを把握できます**。特に金融・証券のネットワークでは、証跡を残す仕組みを整備することが重要です。万が一、情報が漏えい・流出した際には、通信ログの証跡確認にも利用できます。

その他にも、フロー分析技術を活用することで、特定の送信先に対する大量の接続要求を監視することもできます。これにより、DDoS (Distributed Denial of Service) 攻撃などを発見できます。

昨今の現場では、ネットワーク上で望ましくない振る舞いをしているユーザーや機器、アプリケーションが、いつ、どこにいるのか、いち早く特定することが求められています。

実務のポイント **最大バーストトラフィック量に注目**

トラフィックのさまざまな情報を収集する中で、一番気をつけなくてはならないのは、WAN回線の最大バーストトラフィックです。

もちろんWAN回線使用率や、平均トラフィック量も必要です。しかし、一時的に高くなるトラフィックが何であったか、を押さえることが特に重要です。一過性のものなのか、継続性があるのか。これらの情報が障害の未然防止につながります。いつ、誰が、どこからどこへ、何のトラフィックをどれくらいの量を流したのか？　最終的には何の目的なのか？　時には要件定義書と照らし合わせて、当初の通信要件と乖離がないかを突き止める必要があります。

以上のことを踏まえると、必要なのはトラフィック情報の可視化と情報収集のルール策定、そして一番重要なのは、それを分析できる人と体制です。これらのセットでネットワーク運用監視が成り立ちます。

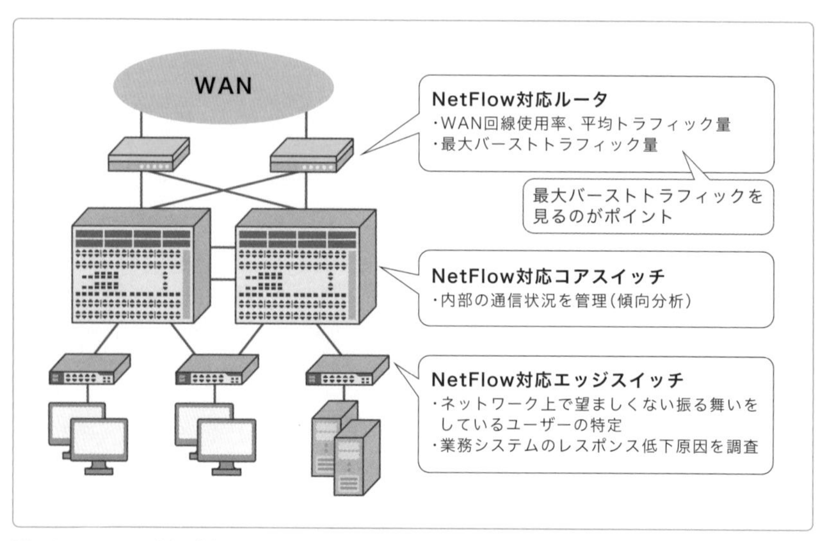

図　NetFlowの活用例

第4章

メンテナンス用ネットワークの基本

本章では、業務用ネットワークとメンテナンス用ネットワークの位置付けについて概観します。ネットワーク運用・保守の高度化を意識したメンテナンス用ネットワークの目的や重要性を学びましょう。

4-1 メンテナンス用ネットワークの概要

ネットワーク運用・保守の業務は、ネットワークを維持するための活動を行うだけではありません。もちろん、現状のネットワークの安定的な稼動を維持することは最低限の役割です。しかし、これからのネットワーク運用・保守は、運用業務の高度化を意識すべきです。つまり、ネットワークトラフィックが増大し、セキュリティの担保が必要不可欠となった今日の状況下では、**より強固なネットワークインフラの整備**が必要です。

また、昨今では、ネットワーク製品においてもソフトウェアライセンス管理が重要視されてきています。たとえば、シスコ製のネットワーク機器の中には、シスコ社のCisco Smart Software Manager（CSSM）とのソフトウェアライセンスのアクティベートが必要なものが出てきています。つまり、クラウド上にあるメーカーのサーバーとの通信が発生するわけです。エンドユーザーの業務通信を守るのは当然ですが、**業務通信を守るためのネットワーク機器のソフトウェア資産管理**もしなくてはなりません。

今後のネットワーク運用・保守業務は、業務で使うネットワークの補強や、障害を早期に検知する仕組みを作るといった視点だけではネットワークの安定的な稼動を維持することはできません。エンドユーザーが扱う業務用通信とは別経路のメンテナンス用ネットワークを導入し、「**業務に影響を与えない運用**」という考え方が必要です。

業務用ネットワークとメンテナンス用ネットワークの分離

業務用ネットワークとメンテナンス用ネットワークを分離していないと、業務用ネットワーク障害時にリモート接続経路にも影響が及ぶため、リモートでの対応が行えません。つまり復旧までに長時間のダウンタイムが発生するリスクがあります。また、機器やリンクの障害に起因してネットワーク監視装置からの監視通路にも影響が及び、障害箇所の断定に時間を要すことも考えられます。

業務用ネットワーク

業務用ネットワークとは、実際に**エンドユーザーが業務用として使っているネットワーク**をいいます。インターネット接続を含めた内外のネットワークと接続するためのネットワークです。このネットワークが使えないと、エンドユーザーの事業に影響が生じます。

メンテナンス用ネットワーク

メンテナンス用ネットワークとは、**運用・保守作業を行うために使用するネットワーク**です。具体的には、ネットワーク監視装置や各ネットワーク機器へのリモート接続、機器のライセンス認証（アクティベート）などの通信をするためのネットワークです。業務ネットワークとの影響を避けるため、業務用ネットワークと分離して構築します。

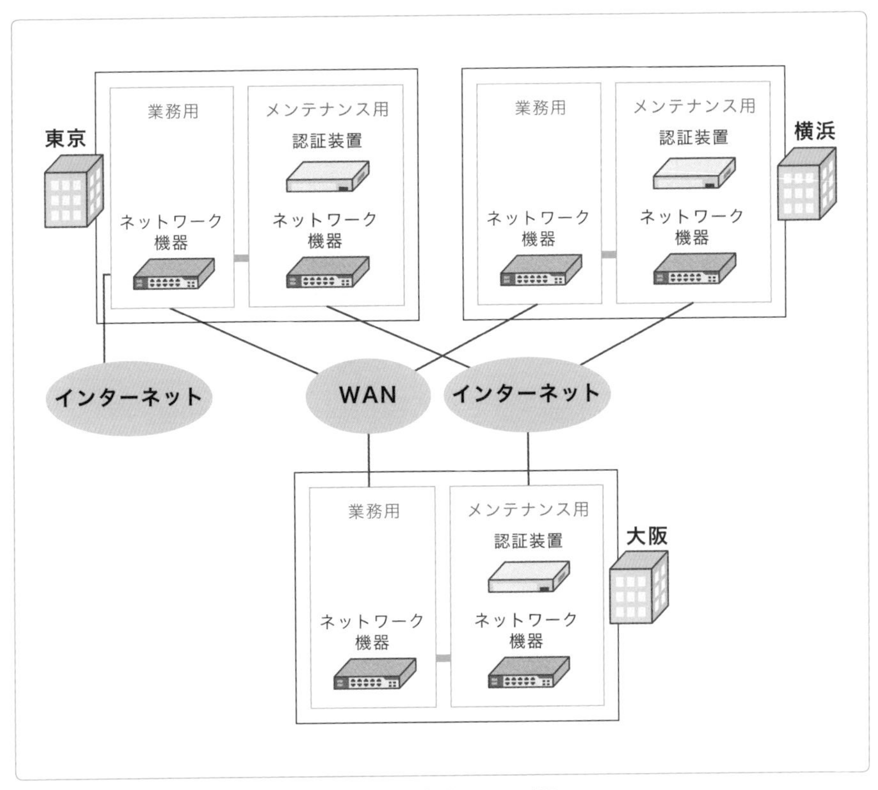

図　メンテナンス用ネットワークを導入した全体イメージ図

4-2 メンテナンス用ネットワークの整備

メンテナンス用ネットワークを整備するにあたり、メンテナンス用ネットワークに接続する機器(以降、**接続機器**といいます)と、接続に必要な作業内容を整理する必要があります。

まず、接続機器の台数も見積っておきます。これが後に説明する**メンテナンス用ネットワーク側の収容スイッチに必要なポート数**になります。

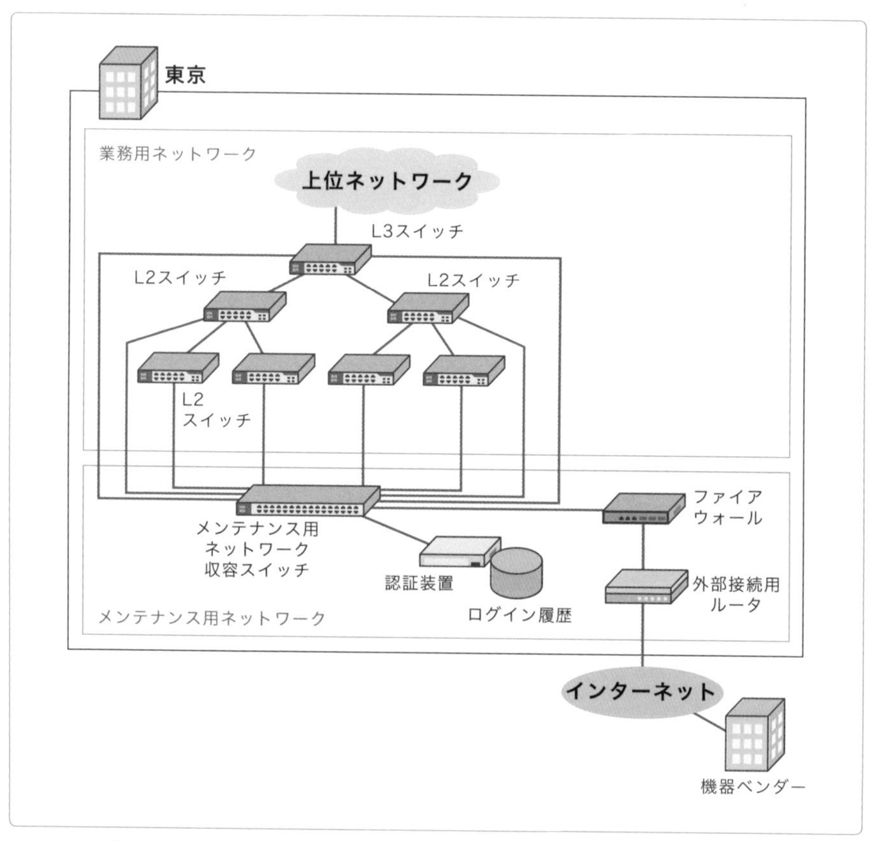

図　メンテナンス用ネットワーク接続図

メンテナンス用ネットワークの整備に必要な作業は、接続機器に対しての設定追加とメンテナンス用ネットワーク機器間のケーブル接続です。

メンテナンス用ネットワークの要件

接続機器は、業務通信で使用するポートとは異なるポートを利用してメンテナンス用ネットワークへ接続します。これにより、メンテナンス用ネットワークは業務用ネットワークへの影響を避け、業務通信とネットワークを分離させることができます（次図の1）。

他方、メンテナンス用ネットワーク側のネットワーク機器（L2スイッチ）には、対象の接続機器がすべて収容でき、かつ将来の拡張性も考慮したポート数を持つスイッチを用意します（次図の2）。

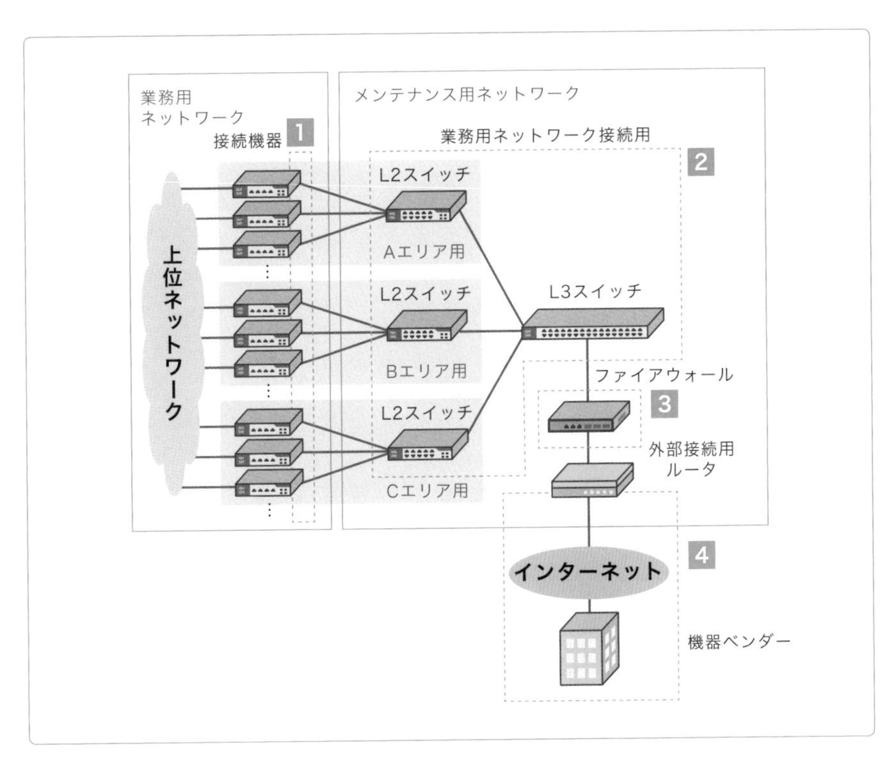

図　構成イメージ

また、データセンター内では、接続機器とメンテナンス用ネットワーク収容スイッチが同じラックに収容されていないケースも考えられます。その際は各エリアに1台ずつメンテナンス用ネットワーク収容スイッチを分散設置するなどして、ケーブル敷設の簡素化や拡張性も考慮することが重要です。

ライセンスのアクティベートはインターネット通信（前図の4）となります。不要なトラフィック、不正侵入を防止するため、外部ネットワークとの境界にファイアウォールを設置します（前図の3）。

メンテナンス通信の経路を切り替える

エンドユーザーが扱う業務用通信の影響を考慮して、ネットワーク監視装置で使っているメンテナンス通信はメンテナンス用ネットワーク経由で通信するようにします。

ネットワーク監視装置で使っているメンテナンス用の通信には、SNMP、NTP、Syslogなどがあり、これらをメンテナンス用ネットワーク経由に移行します。

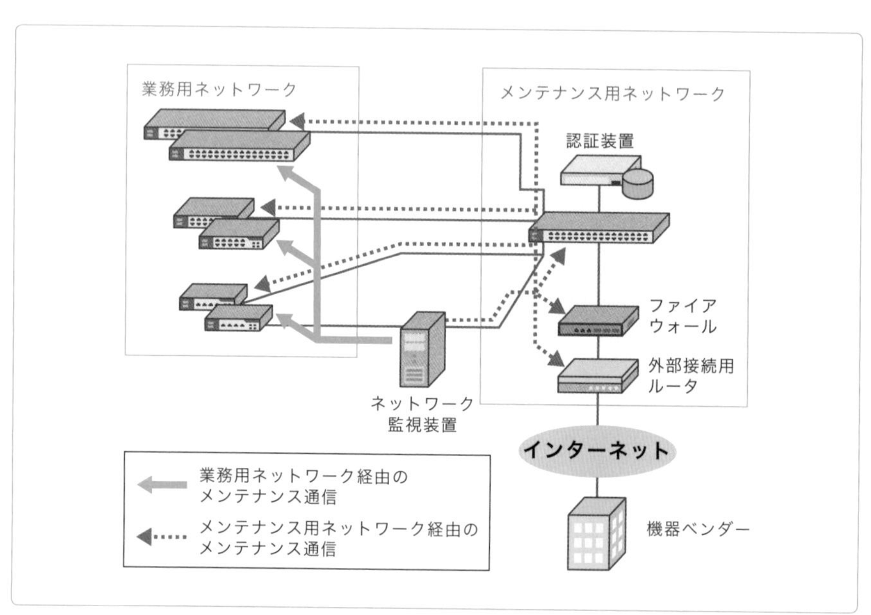

図　メンテナンス用の通信はメンテナンス用ネットワーク経由に切り替える

それ以外にも、リモート接続、インターネットを介したライセンス認証などがあり、いずれもメンテナンス用ネットワーク経由で通信されることがあるべき姿です。つまり、エンドユーザーの事業目的に直接関係がない通信はメンテナンス用ネットワーク経由とします。

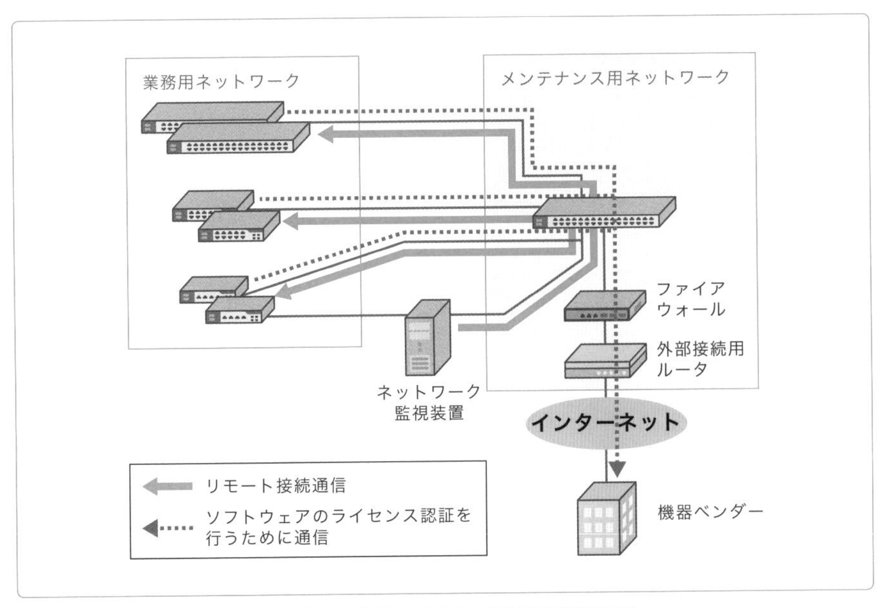

図 リモート接続などもメンテナンス用ネットワーク経由で通信する

4-3 リモートログインの高度化

リモート接続の制限

ネットワーク環境は、時が経つにつれてメンテナンスの対象や手法が変わり、ネットワークが拡張するにつれてさまざまなひずみが生じてきます。そのため、当時は問題なかった設定が、時代とともに問題となるケースがあります。

その典型的な例が、リモート接続です。

前節で、メンテナンス用ネットワーク経由でネットワーク監視装置に接続する話をしましたが、**接続することだけを考えるのではなく、接続の制限をかけるのが現場の鉄則**です。以前は、ネットワーク監視装置を使ってネットワーク機器へアクセスするのは、特定の人が特定の端末からだけと考えることもできました。しかし、今日のネットワークは広範囲に広がっていますので、アクセス制限をかけるのは必須です。

実際の現場でも、ネットワーク機器にアクセス制限がかかっておらず、不特定多数の端末からリモート接続できてしまうという問題がよくあります。アクセス制限のポリシーがない場合は、制限なしの設定でサービスインしてしまうケースが多いです。

ネットワークを運用管理するにあたっては、**ネットワーク機器それぞれに対して、アクセス可能なIPアドレスを制限する**ようにしてください。具体的には、アクセスを許可するネットワーク監視装置やコンソール端末のIPアドレスに限定するのが理想です。これによって、不特定の端末からのアクセスを防止することができます。

リモート接続に使用するプロトコルのメンテナンス

コンソール端末（ターミナルソフトをインストールしたPC）からLANや

WANを経由してネットワーク機器に接続し、操作・管理ができます。それを実現している管理用のプロトコルがTelnetやSSHです。これらは現場で一番よく使われるプロトコルといえます。

Telnetとは

Telnetは、LANやWAN、インターネットなどのIPネットワークにおいて、ネットワークにつながれたサーバー類やネットワーク機器を遠隔から操作・管理するためのプロトコルです。

Telnetサーバー機能をサポートしている装置に対して、ネットワークに存在しているコンソール端末（Telnetクライアントとなる）からTelnet接続でログインすることで、その装置の目の前にいるのと同様に操作することができます。

Telnetを使うための条件

Telnet接続をするには、コンソール端末からtelnetコマンドを実行します。telnetコマンドは、WindowsやLinuxなどにも標準で用意されていますので、コンソール端末のTCP/IPの設定をすれば利用可能になります。つまり、IPネットワークに接続できるPCであれば、Telnet接続を実施できます。

telnetコマンドを使って、自社ビル内のスイッチやルータに遠隔からログインできます。また、WANを介して他のビルのスイッチやルータにもログインができ、作業効率も向上します。

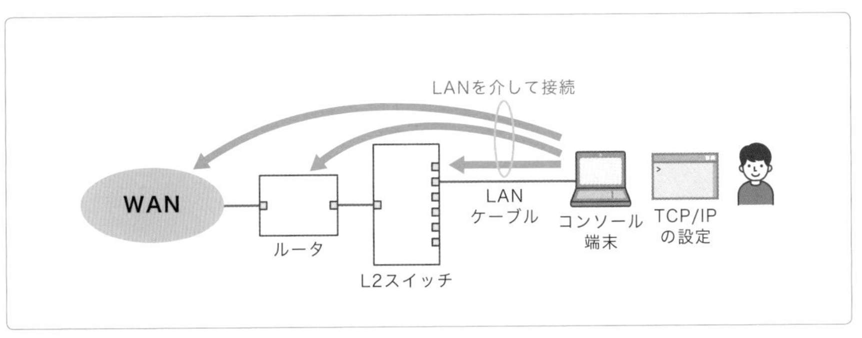

図 Telnet接続

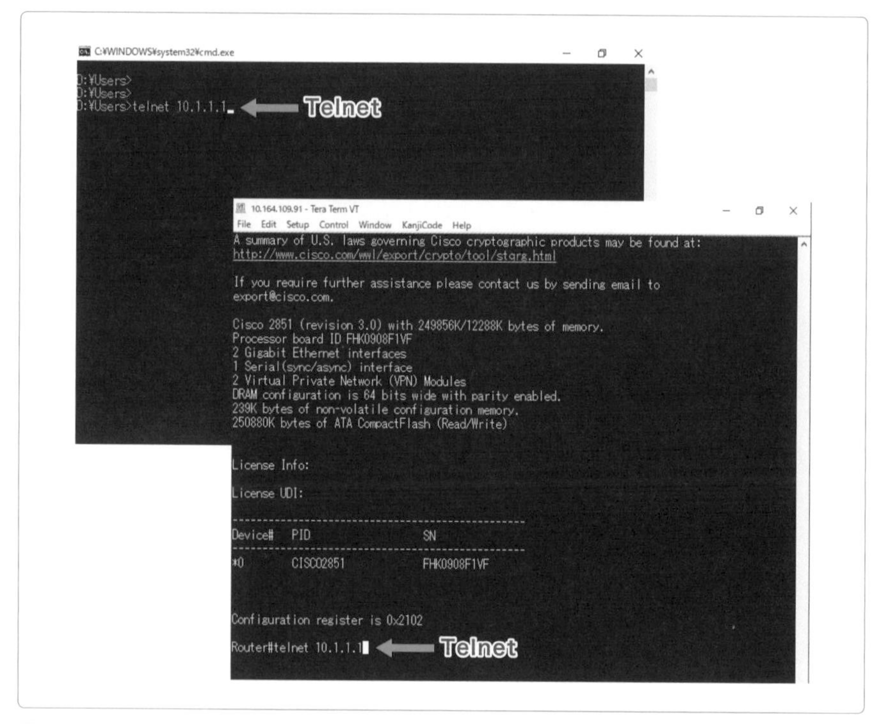

図　telnetコマンドの実行例
PC（OS）のtelnetコマンド（左）とネットワーク機器のtelnetコマンド（右）。

現場での注意点

telnetコマンドによる装置へのログインを現場で行う際には注意点があります。Telnetでは次図のように、ある装置にログインして、その装置からさらにtelnetコマンドを実行して別の装置にログインして、というようにターゲットとするネットワーク機器へ次々とログインしていくことも可能です。しかし、**これは絶対にしてはなりません。**

それは、万が一途中の回線で障害が発生した場合、Telnetのパスを保持してしまうからです。ネットワーク機器によっては、Telnetのログイン数に上限を設けているものもあります。そのため、Telnetのパスを保持してしまうと必要な端末からのTelnetのログインができなくなってしまいます。また、ネットワーク機器にとっては不要なリソースを使っているわけで、このようなプロセスの起動は避けるべきです。これはSSHでも同様です。

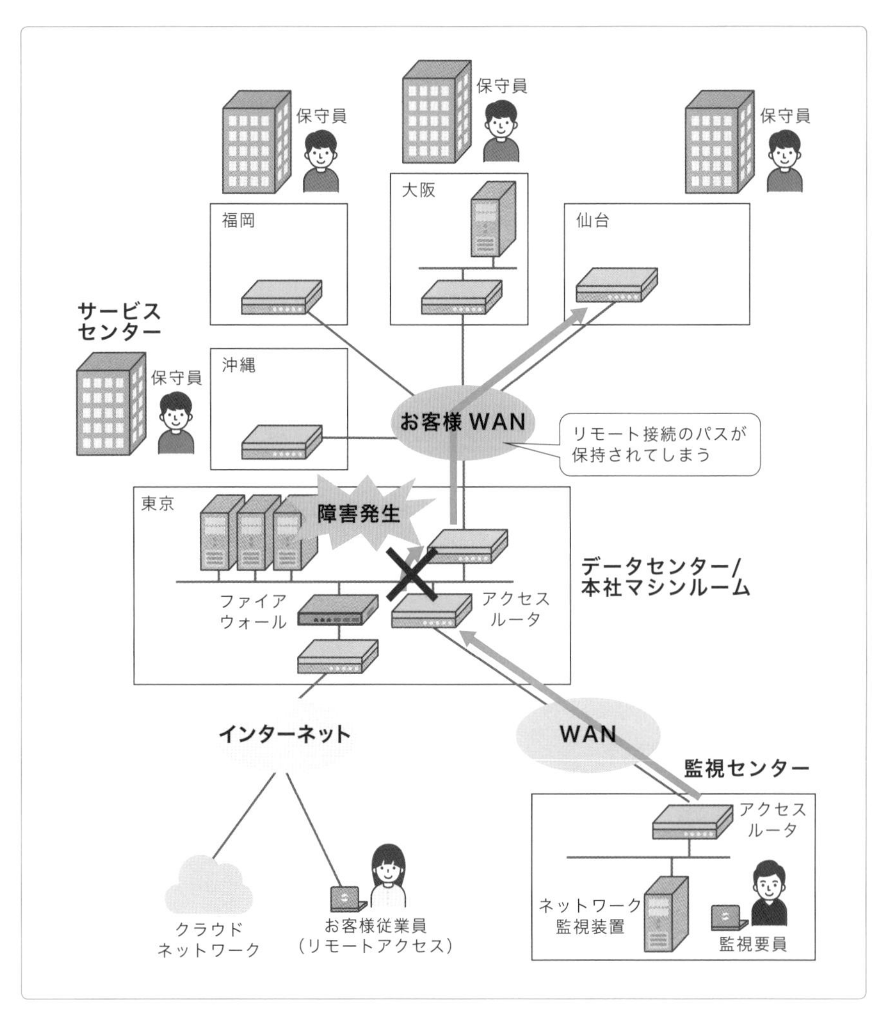

図　Telnet/SSH接続を現場で実施する際の注意点

この図のように装置から装置へとTelnet/SSHのパスを次々に張っていった場合、どこかで障害が発生すると残りのTelnet/SSHのパスが保持されてしまう。

そのため、上図のような方法ではなく、ターゲットとするIPアドレスをダイレクトに指定してtelnetコマンドを実行しましょう。

プロトコルのメンテナンス

現場でリモート接続に使用するプロトコルとしては、TelnetとSSHが定番です。これは20年以上変わっていません。ただし、昨今のセキュリティ対策や脆弱性への対応を進めている中で、Telnetの扱いをどうするかが課題となっています。

Telnetでは、パスワードが平文でやりとりされます。したがって、ネットワーク機器に対するメンテナンスアクセスの通信を傍受されるリスクがあります。具体的にはユーザー名やパスワードが漏えいするリスクです。

改善策としては、**ネットワーク機器へリモート接続するにはSSHを利用する**のが安全です。

現場のメモ　ネットワーク機器側で制限することも必要

実際の現場作業を見てみると、SSHは使えるのにTelnetを使うネットワーク運用管理も多いのが実態です。むしろ、ネットワーク機器側でSSHの利用のみを許可する制限をかけ、強制的にルールを遵守させることも必要です。

4-4 コンソールサーバーを使った接続

エンジニアが現地へ出向くこと

シリアルケーブルを使ったローカル接続の場合、**管理者がネットワーク機器の前に行き、コンソール端末とネットワーク機器を直接つなぐ**必要があります。管理対象の機器が多数あれば、シリアル接続のたびにケーブルをつなぎ換えなければならず非効率です。

では、シリアル接続は不要かというと、そういうわけにはいきません。定常の管理業務をネットワーク経由でリモートから行っていたとしても、コンソール端末とネットワーク機器をつなぐネットワークそのものがダウンするケースや、ネットワーク機器自体がダウンする場合もあります。当然ネットワーク経由でネットワーク機器へはアクセスできません。そんなときには、管理者が現場に赴き、コンソール端末とネットワーク機器を直接つなぐ必要があるのです。

そもそも、企業向けのネットワーク機器の初期設定は、シリアルポートを使った管理を前提としています。一般消費者向けの製品では、ネットワーク経由で設定できるものもありますし、簡単な初期設定はネットワークから投入できる場合もあります。しかし、ネットワーク機器の電源ダウン時の復旧作業や機器の詳細設定は、やはりシリアルポートで行う製品が大半を占めています。

こうした理由から、ネットワーク機器の管理にシリアルポートは必須といえます。

エンジニアが現地へ出向くことのデメリット

ネットワーク経由で管理対象のネットワーク機器に接続できない場合には、コンソール端末を現場に持ち込み、ネットワーク機器に直接接続する必要があります。つまり、**エンジニアがわざわざ現地へ出向かなければならな**

いのです。

しかし、現場が地方の山奥や離島にある場合はどうでしょう。緊急を要するときでも、エンジニアが現地へ駆けつけるのに半日、あるいは翌日になることも想定しなくてはなりません。極端な話、海外ならば何日もかかってしまいます。

ネットワークを管理する立場である情報システム部門にとってみれば、障害復旧が遅れ、品質を担保できなくなります。つまり、エンドユーザーに影響を及ぼすリスクがあるのです。実際の業務に支障が出ることで、ビジネスの機会損失が出ることも十分考えられます。

このように「ネットワークを経由してネットワーク機器やサーバー類を遠隔操作できない」という状況は、世の中のエンジニアにとって共通の悩みです。

リモートからシリアル接続する仕組み

リモートから直接ネットワーク機器やサーバーにシリアル接続する解決方法があります。コンソールサーバーを介したシリアル接続です。コンソールサーバーとは、コンソール端末とネットワーク機器を直接つないで管理するのと同じような作業が遠隔地から行えるようにする装置です。

コンソールサーバーを導入した場合の復旧手順は、次図のようになります。コンソールサーバーは予備機ラックだけに設置されていてもよいですが、本番機ラックにも設置されているとダウンタイムの短縮につながります。理由は、本番機ラックに搭載してあれば、遠隔から直接設定作業ができるからです（p.104 下の図参照）。

▶▶ コンソールサーバー活用の詳細はp.107の「実務のポイント」をご覧ください。

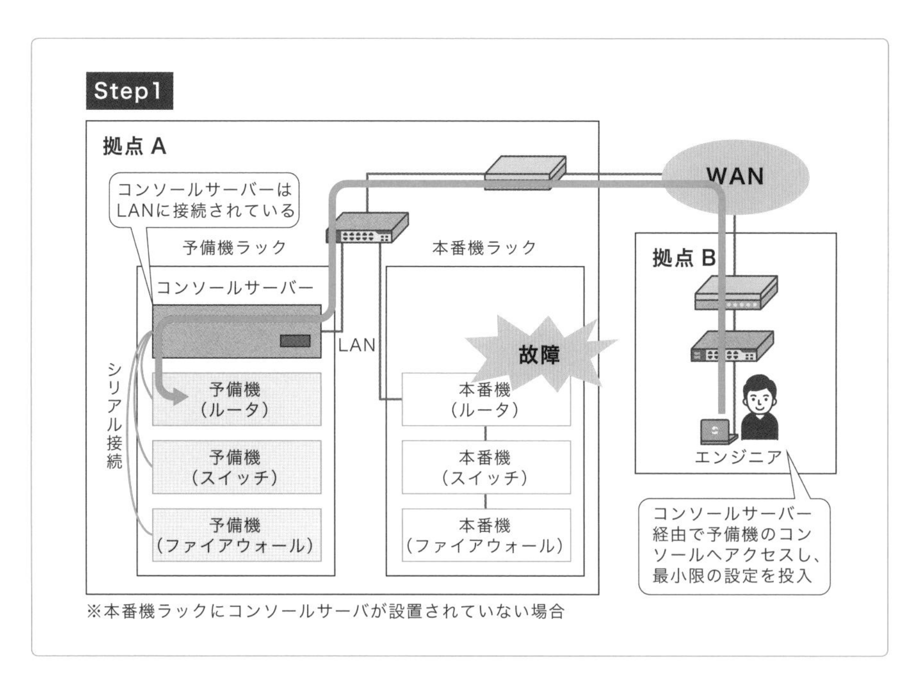

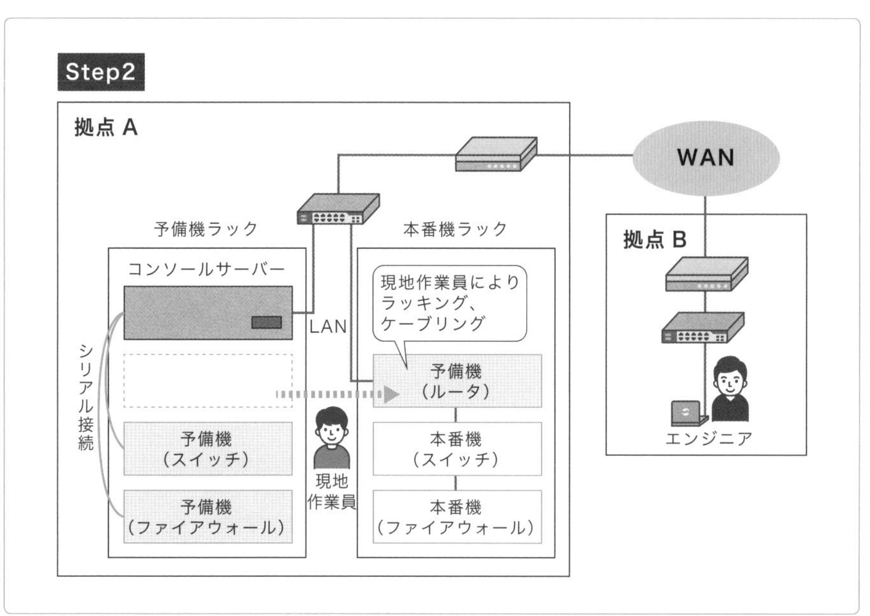

図　コンソールサーバーを介したシリアル接続

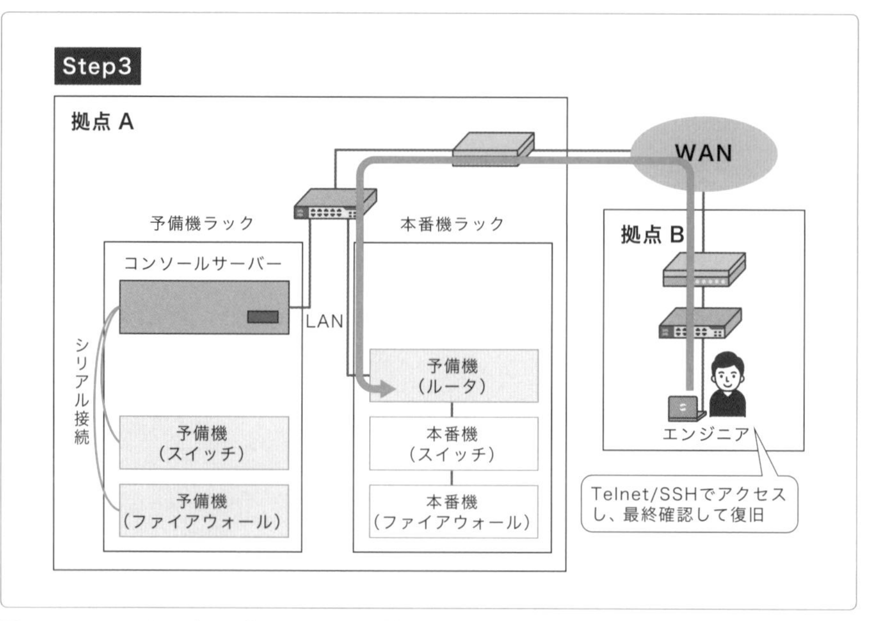

図　コンソールサーバーを介したシリアル接続（続き）

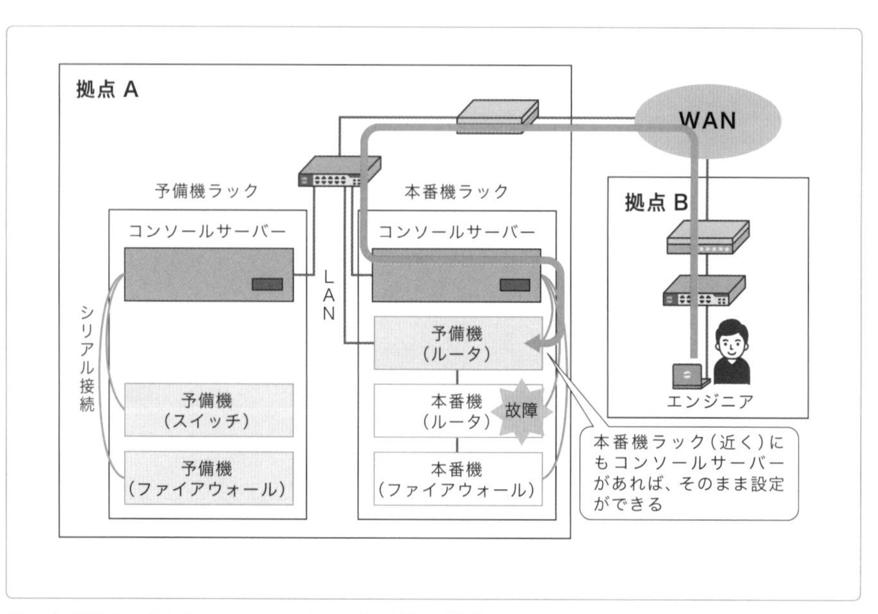

図　本番機ラックにもコンソールサーバーがある場合

本番機ラックにもコンソールサーバーと予備機のルータがあれば、エンジニアが現地に行くことなく復旧作業が完了する。ダウンタイムを大幅に短縮できる。

このように「コンソールサーバーを介したシリアル接続」は、運用だけで考えると「現地での作業」と同じ環境となります。つまり、エンジニアが現地に駆けつけることなく、現地にいるのと同様に作業ができます。

この手法は元々、保守の発想から生まれたものですが、今では設定変更作業でも現場の定番になっています。運用自体は現地にいるのと同じ環境になるので、設定変更に加え、装置本体のリセットも行えます。

少人数での管理が可能に

コンソールサーバーの利用目的として、もちろん障害が発生したときに遠隔操作で問題解決を図るということがあります。ただ、コンソールサーバーの価値はそれだけではありません。実際の現場では、**障害がなくても普段から各種サーバーやネットワーク機器の情報収集や状態監視の目的でコンソールサーバーを利用します。**

また、スイッチやルータ、サーバー、ファイアウォールなど、さまざまなネットワーク機器の現地作業時でも威力を発揮します。たとえば、現地作業員がネットワーク機器の設置作業やケーブリング作業を実施し、設定作業をリモートからネットワーク機器に精通したエンジニアが実施する（前掲図）といった運用も可能となります。

地方にネットワーク技術者はあまりいなく、悩んでいるネットワークインテグレーターの方もいるかと思います。少ない人数で、セキュリティや運用管理の品質を担保しつつ、作業効率を追求されます。さらにはネットワーク機器やサーバーなど多種多様な装置を組み合わせて1つのネットワークシステムとして管理しなくてはなりません。コンソールサーバーはそんな悩みを解決する助けとなります。多種多様なネットワークシステムを集約し、運用管理を効率化し、早期障害復旧を実現するツールの代名詞です。

メンテナンス用ネットワークを別系統に

次ページの図にコンソールサーバーの構成例を示します。管理対象となるネットワーク機器やサーバーをコンソールサーバーに直接つなぎます。管理者が操作するコンソール端末は、LANやWANでコンソールサーバーと通信する形になります。

　なお、次図の例では、通常の通信を行うための業務用ネットワークと、コンソール端末やコンソールサーバーをつなぐメンテナンス用ネットワークを別系統にしています。4-1節で解説しましたが、これからのネットワークの管理者は、業務用とメンテナンス用を別系統にする構成を考慮すべきです。こうしておけば、業務用ネットワークに障害が発生したときでもコンソールサーバーを経由して各機器へアクセスでき、ネットワークのダウンタイム短縮につながります。

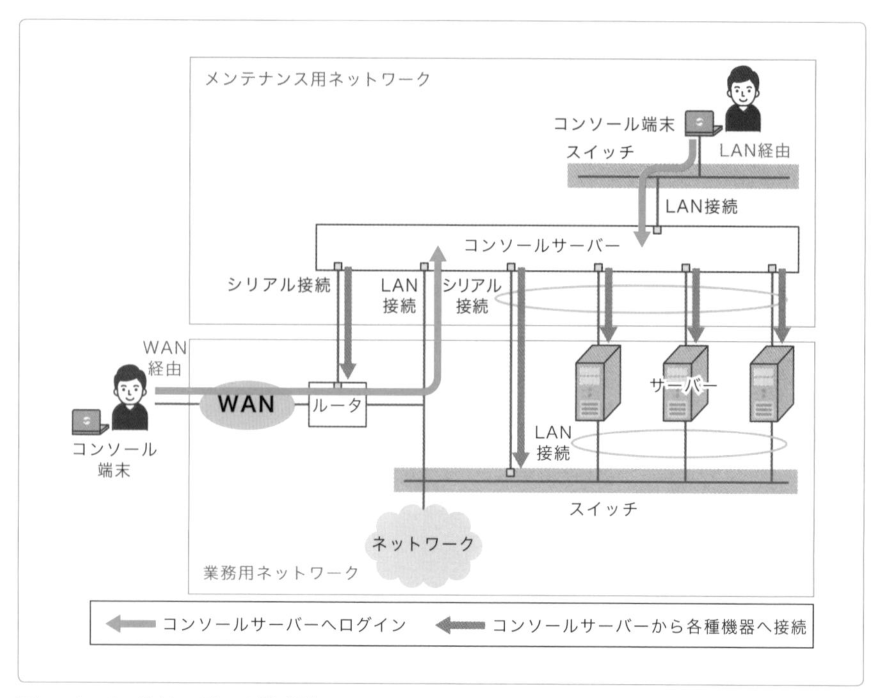

図　コンソールサーバーの構成例

現場のメモ　構成は費用見合いで判断

上図の構成は理想ですが、実際に導入するかどうかの判断は費用見合いとなります。大企業では業務用とメンテンナンス用でネットワークを分けることができても、中小企業ネットワークでは費用の関係で同一にしていることが多いです。

実務のポイント　コンソールサーバーの活用手法

実際の現場で、コンソールサーバーがどのように活用されているか紹介しましょう。

(1) 予備機の管理
(2) 故障機交換時のダウンタイム短縮
(3) 最終確認を管理者がリモートから行う

という3つの活用手法を紹介します。

(1) 予備機の管理

ネットワーク機器の予備機を専用ラックに置いておき、有事の際の環境整備をします。通常、予備機は購入時のままで、設定は入れません。もちろんLANに接続されていないのが普通です。この場合、いざというときに「予備機が故障していて動かない！」という事態が起こり得ます。ここでコンソールサーバーがあれば、予備機にもリモート経由でアクセスし、定期的に予備機の状態を確認できます。

(2) 故障機交換時のダウンタイム短縮

有事の際、現地に作業員が駆けつけている間に、遠隔からコンソールサーバーを介して、リモートから機器の設定を完了させます。
具体的な作業手順を見てみましょう。普段は、予備機用ラックに設置したコンソールサーバーで予備機の状態を把握しておきます。障害が発生したら、まず管理者は該当のコンフィグレーションファイルの設定をコンソールサーバー経由で実施します。その後、現地にいる初動対応をする従業員に、設定が完了した予備機と故障機の交換、ケーブリングを指示します。

(3) 最終確認を管理者がリモートから行う

(2)の後、管理者が詳細設定をリモートから投入して完了です。管理者がわざわざ現地に赴く必要がありません。

第5章

ネットワーク運用設計と障害対応の基本

ネットワークの障害対応では、故障箇所を特定するための基本となる手順があります。ただし、その障害を発生させないための運用設計が最も重要です。本書では、障害の未然防止に向けた運用設計、そして現場における障害対応について、順を追って解説します。

5-1 [運用設計] ネットワークの可用性設計

ネットワークの可用性

ここからは、ネットワークの可用性について解説していきます。これは簡単にいえば、ネットワークの停止がどれくらいまで許されるのか、ということです。もっと言うと、「そもそも、ネットワークの構築にそこまで高価な装置を導入したり、時間をかけたりしなくてもよいのでは」「多少のネットワークの停止は我慢して、その浮いた費用を他に回そうよ」「ネットワークやサーバーへの投資も選択と集中だ」など、**障害の未然防止を100%完璧にするのではなく、防止する箇所と切り捨てる部分を明確にする**という考え方です。

では100%完璧にしないのなら、どこまで完璧にするのか、つまり、どの程度まで許容されるのかを決めておかなくてはなりません。これが可用性の基本設計になります。

重要度を分類する

まず、重要度を分類します。お客様のネットワークによって多少考え方に違いはあるとは思いますが、おおむね以下の基準をサンプルに設計するとよいでしょう。

- 最重要
- 重要
- 一般

上記3つは、ネットワークの重要度が高い順に並んでいます。

以降、それぞれのレベルについて、復旧許容時間および影響範囲例、運用サービス例を挙げて、それぞれの対応方法を解説します。

最重要

何があってもネットワークやシステムの停止は許されません。たとえば社会的に影響がある通信キャリアや金融証券、官公庁系のシステムが、これに当たります。いつ如何なるときもシステムが停止することがないように、可用性が高いレベルで保たれるよう運用設計します。

対応方法としては、**ネットワーク全体の完全2重化**(もしくはそれ以上の冗長化)を行います。ネットワークの基幹であるルータやスイッチなどのネットワーク機器の冗長化はもちろん、ネットワーク回線も冗長構成とします。さらにはサーバー、そして究極は拠点(サイトともいいます)全体をまるごと物理的に離れた場所へバックアップします。たとえば、東京と大阪間でシステム全体のバックアップをするやり方です。万が一、東京でシステムダウンが発生し、業務の修復ができなくても、大阪にシステムを切り替え、業務を再開する方法です。その逆もあり得ます。東西どちらかに大地震や津波、パンデミックなどの大規模災害が発生しても、業務の継続を実現するというレベルです。

重要

一般企業でも、社内システムやメールなどが使えなくては業務に支障をきたします。数秒以内の通信復旧が必須です。通信の切断が発生しても、数秒以内でバックアップのルートへ切り替えが完了できるレベルです。数秒以内の切り替えとは、ネットワークを利用するエンドユーザーからしてみると「何事もなかった」というレベルかもしれません。

一般企業の中枢である基幹系システムは、完全無停止レベルとはいかないまでも、瞬断レベルに保たれるよう設計するのが理想です。

対応方法としては、**サイト全体をまるごと物理的に離れた場所へバックアップすること以外は、最重要レベルと同等**と考えればよいでしょう。

ルータやスイッチなどのネットワーク機器を冗長化し、ネットワーク回線も冗長構成とします。

一般

目安として2～4時間以内の復旧を行うというレベルです。となると、保守員は1～2時間以内に現場に駆けつけなくては、上記時間内の復旧は難しいでしょう。

対応方法例としては、**現場に予備品のネットワーク機器を用意**します。他方、ルータやスイッチなどのネットワーク機器の冗長化やネットワーク回線の冗長構成までは行いません。

仮に2時間以内の復旧ならば、保守員が現場に着いたときには交換用のルータやスイッチなどがあることが前提です。万が一、予備品がない場合は、装置の手配や運送などの手続き、装置到着後の開梱作業、動作正常性確認などの復旧作業に多くの時間を要しますので、短時間での復旧は不可能となります。

現場のメモ　復旧時間のさらなる短縮のためには

現実問題、これ以上の早期復旧、つまり現場駆けつけ時間の短縮を求められる場合があります。たとえば、「1時間以内に現場へ駆けつけるのが契約条件」などです。そういう場合、運用・保守会社は以下のどちらかの対策を講じます。

・1時間以内に現場に駆けつけられる保守サービスセンターを開設する
・現場に保守員を常駐させる

1つ目の保守サービスセンターというのは、サテライトオフィスのようなものです。つまり、主要サービスセンター管轄のミニサービスセンターのようなものを開設し、そこに駆けつけ専門の保守員を待機させる方法です。その保守員のミッションは、とにかくお客様と契約した時間内に到着し、現場確認をすることです。復旧作業の技術は要求しません。とにかく駆けつけの約束が1時間なら1時間以内に到着する。これが駆けつけ保守員に与えられたミッションなのです。

また、駆けつけ保守員は自身の判断での作業は絶対禁止です。現場のセンター局や保守サービスセンターには作業を指示する責任者がいて、その指示のもとで作業をするのが原則です。そこまで分業するやり方をとります。その間に復旧要員が必要に応じて予備機や保守部品を持って後から現場入りするのが一般的なやり方です。

これ以上の駆けつけ時間や復旧時間の短縮を求められるときは、2つ目の「現場に保守員を常駐させる」しか方法はありません。

5-2 [運用設計] 冗長化のレベル

冗長化とは、**万が一装置が故障してもサービスを継続して提供できるようにネットワークやシステムを構築すること**です。たとえば、ルータを2台用意しておき、片方のルータに障害が発生してダウンしても、もう片方のルータに引き継がれてサービスに影響することなく開始するなどです。

この他にも、ネットワークへの接続回線を複数用意して、片方がダウンしても通信が途切れないようにする「ネットワークの冗長化」があります。それ以外にも、サーバー内の複数台のハードディスクに同じデータを書き込み、ハードディスク障害によるデータ損失を回避したりするなど、さまざまな種類の冗長化の方法があります。

また、冗長化のもう1つの利点として、**故障した部分だけを取り換えて復旧できたり、構成によっては片系(かたけい)稼動中に交換作業ができたりする**ことが挙げられます。

このように、冗長化する部分を増やせば増やすほど可用性は向上します。しかし、それには冗長用に追加の機器を用意するのはもちろんのこと、ネットワーク設計などの費用も必要です。冗長化するかどうかは、システムダウンの影響の大きさと費用の見合いで検討されるべきです。

冗長構成のタイプ

冗長構成には、いくつかのタイプがあります。大きく3つに分類して解説します。

- 両アクティブ(アクティブアクティブ)
- アクティブスタンバイ
- コールドスタンバイ

両アクティブ（アクティブアクティブ）

両アクティブは、**複数台の装置を同時に稼動させる**方法です。障害が発生すれば、該当装置のみ停止させ（切り離すともいいます）、エンドユーザーは無停止でサービスが利用できます。また、両アクティブは、アクティブアクティブとも呼ばれます。

現場のメモ　ファイアウォールの冗長化

ファイアウォールの冗長化が両アクティブの代表例です。稼動時は両方の装置で定期的にコンフィグレーションの同期を取ります。万が一、片系の装置に障害が発生して交換作業をする際は、交換後、稼動中のもう片方の装置から自動的にコンフィグレーションをコピーしてくれます。わざわざコンフィグレーションを設定する手間が省けます。

アクティブスタンバイ

アクティブスタンバイは、同じ物理構成の装置を2つ用意します。そのうちの**1つをアクティブ系として稼動させ、もう片方をスタンバイ系として待機状態にしておきます。**このときのスタンバイ系の装置は、電源も入っていて、装置自体も稼動している状態です。さらにスタンバイ系の装置は、アクティブ系の装置に対して同期を取りながら、いつでもアクティブ系になれるように待機しています。万が一、アクティブ系に障害が発生したら、自動的かつ即座に処理が引き継がれます。ルータの冗長化が代表例です。

コールドスタンバイ

コールドスタンバイは、同じ物理構成の装置を用意するところまではアクティブスタンバイと一緒ですが、**アクティブ系とスタンバイ系の同期を取りません。**このときのスタンバイ系の装置は、電源が落ちており、装置自体も稼動していない状態です。

万が一、アクティブ系に障害が発生して交換作業する際は、手動でスタンバイ系の装置の電源を入れ、切り替えます。そのとき、装置本体の周辺部品であるケーブルなどもつなぎ換える必要があります。

該当の現場が保守サービスセンターから遠く、短時間での駆けつけが不可能な場合に有効です。たとえば、地方拠点で交通手段があまりよくないところや離島、さらには海外の製造工場などです。保守員の駆けつけが半日や1日を要する場合は、現場にいるお客様に仮復旧をお願いすることがあります。その際、物理的なケーブルのつなぎ換えと電源の立ち上げだけなら誰でも対応可能だからです。そんなときに、コールドスタンバイの方式を採用します。

また、近隣の拠点で障害が発生した際に、予備機を割り振ることができるメリットもあります。

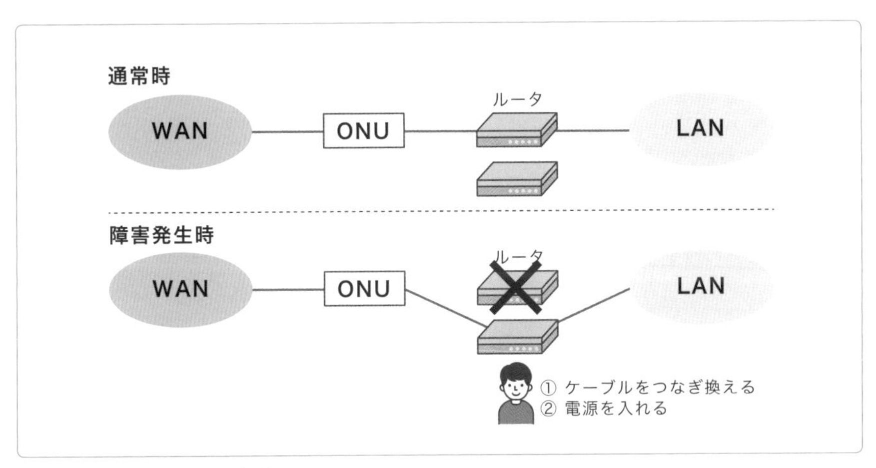

図　コールドスタンバイ方式

写真　コールドスタンバイの例

5-3 [運用設計] 冗長化の全体像

シングル構成での障害の影響度

冗長化をするか否かの判断基準の1つに**コスト**があります。想定するリスクをどこまで許容するかと、冗長化する際の構築費用を天秤にかけ、最終決定します。

ネットワークやシステムのシングル構成は、冗長化と比較してコスト面で優位性があります。しかし、可用性において劣ります。では可用性が劣るとは具体的にはどういうことなのか、構成例を見ながら解説していきます。

構内のネットワークがシングル構成だったら

次ページの図は、スイッチがシングル構成の構内ネットワークです。この場合、スイッチの本体（図の1）やポート（図の2）、収容するLAN配線（図の3）のいずれかに障害が発生すると、外部（WAN向け）およびフロア間通信ができなくなります。通信ができるのは、フロアスイッチの範囲（図の4）に限られます。つまり、同一フロアのユーザー同士の通信だけです。

このネットワークは、10フロアを1台のメインスイッチに集約している構成です。影響範囲は10フロア全体に及ぶことになります。しかし、メインスイッチが集約するフロア数が1つや2つの小規模LANであったならばどうでしょう。コスト面が優先されるべきであり、シングル構成を採用するケースが一般的です。

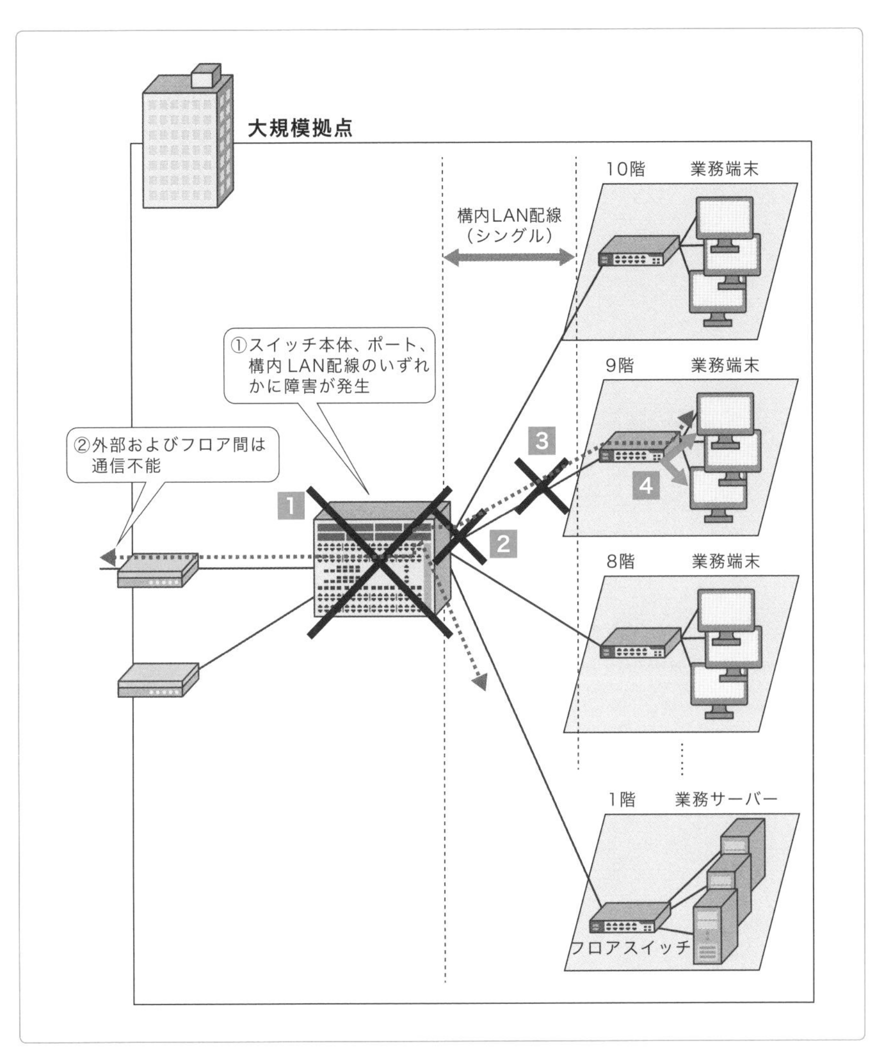

図　構内ネットワークがシングル構成の場合

外部との接続用機器がシングル構成だったら

外部との接続用機器（ルータなど）がシングル構成の場合、大規模や中規模のネットワークであれば、多くのユーザーに影響があるでしょう。一般的なネットワークの考え方としては、本社地区、つまり大・中規模拠点に通信量が集中します。その経路に問題があるとネットワーク全体にかかわりますので冗長化は避けられません。コストよりもリスクの面が優先されます。

他方、小規模拠点では、コストパフォーマンスから考えて、ルータの冗長化を行いません。そのため、ルータに何らかの障害が生じたら、その拠点のユーザーは他の拠点との通信ができなくなります。

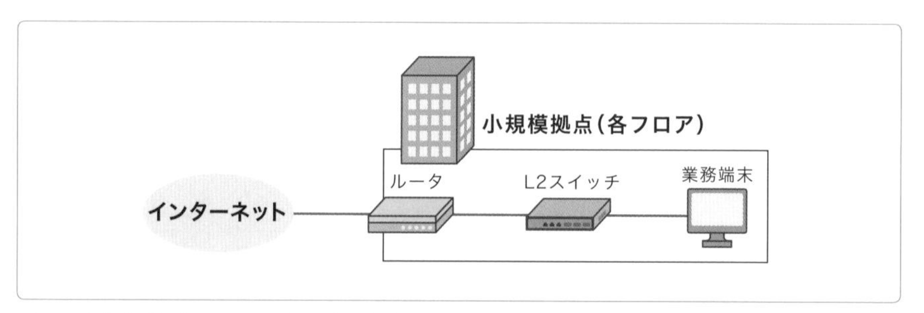

図　小規模拠点ではルータの冗長化を行わない

小規模拠点では、**障害のリスクよりもコスト面が優先**されるからです。ネットワークを使うユーザー数が少なく、影響範囲もさほど大きくないというのも理由です。

冗長化のポイント

冗長化が組まれているネットワーク環境では、複数の設備がほぼ同時に故障しないかぎりサービスに影響を与えることはありません。また、故障した部分だけを取り換えて復旧させることや、アクティブ系が運用稼動中にスタンバイ系のソフトウェアのバージョンアップを行うこともできるため、作業効率面から見ても利点があります（ただし、実作業は休日や業務時間外に行います）。

確かに、冗長化を行うと必要な設備が増えるため、導入コストは増大します。しかし、ネットワークのダウンによる影響が致命的となる企業の基幹システムや、サービスプロバイダーの通信設備など安定したサービスを重要視しているネットワークでは、冗長構成は避けられません。

まずは次図のネットワークの全体像から冗長化のポイントを見ていきましょう。

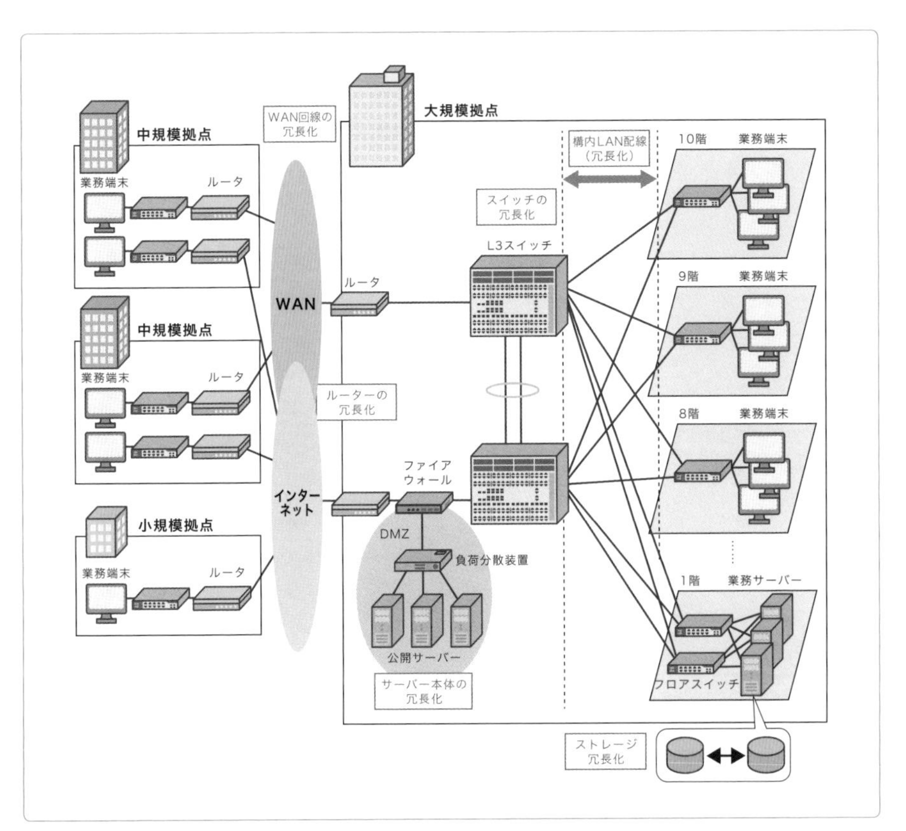

図　ネットワークとシステムの冗長化ポイント

図にあるように、冗長化すべきポイントは次のとおりです。

サーバーの冗長化

- サーバー内のストレージ
- サーバー本体

ネットワークの冗長化

- WAN回線
- ルータ本体
- スイッチ本体
- LAN配線

それぞれについて解説していきます。

サーバーの冗長化

冗長化のはじめの一歩として、サーバーの冗長化が挙げられます。その中でも手軽で重要性が高い**ストレージの冗長化**については、読者の皆さんもご承知だと思います。本書ではネットワーク側からの視点で見たサーバーの冗長化を解説します。

その先の冗長化の手段として、**サーバー本体の冗長化**があります。

サーバー本体を冗長化する

サーバー本体を冗長化する方法の代表例は、負荷分散装置を用いる方法です。負荷分散装置はロードバランサーともいい、複数あるサーバーをすべてアクティブ状態に保ち稼動させることができます。万が一、1台のサーバーに障害が発生しても、負荷分散装置は障害が発生したサーバーのみデータの配信をやめ、他のサーバーに対してデータを配信するよう配慮してくれます。

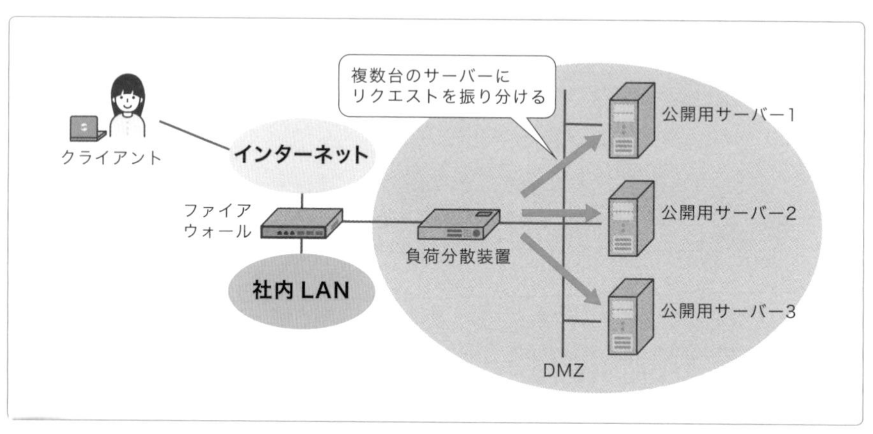

図　サーバー本体の冗長化

WAN回線の冗長化

複数のルータでWAN回線を冗長化

次図では、ルータの構成をアクティブ系とスタンバイ系、両方で運用しています。WAN回線もそれぞれ持ちます。アクティブスタンバイの構成です。しかし、「装置も2台用意してこれで万全だ」なんて安心してはいけません。万が一、通信事業者A社の局舎自体に障害が起きたとき、どうなるでしょうか？　当然、両方の回線はダウンします。

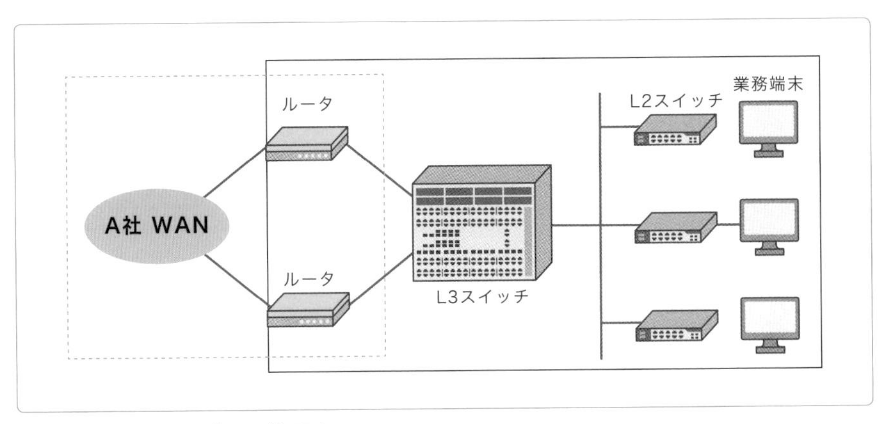

図　WAN回線の冗長化での注意点
ルータを冗長化していても、回線が同じ通信事業者のものであっては冗長化の意味がない。

同一回線であっては冗長化の意味がありません。これを回避するためにも、可用性向上という面で**WAN回線は別々の通信事業者から借りるのが鉄則**です。また、もう一方の回線を別の通信事業者にしていれば、費用交渉でも有利になります。

現場のメモ　違う系列会社の回線の併用

WAN回線は、NTT系列の回線会社と電力系回線会社のように、違う系列の会社を併用します。NTTと別の通信会社であるKDDIやソフトバンク、最近ではTOKAIコミュニケーションズに分けるという方法もあります。

次ページの図のような構成であれば、万が一WAN回線やルータ自体に障害が発生したとしても、運用に支障をきたすことなく継続的な通信が実現できます。

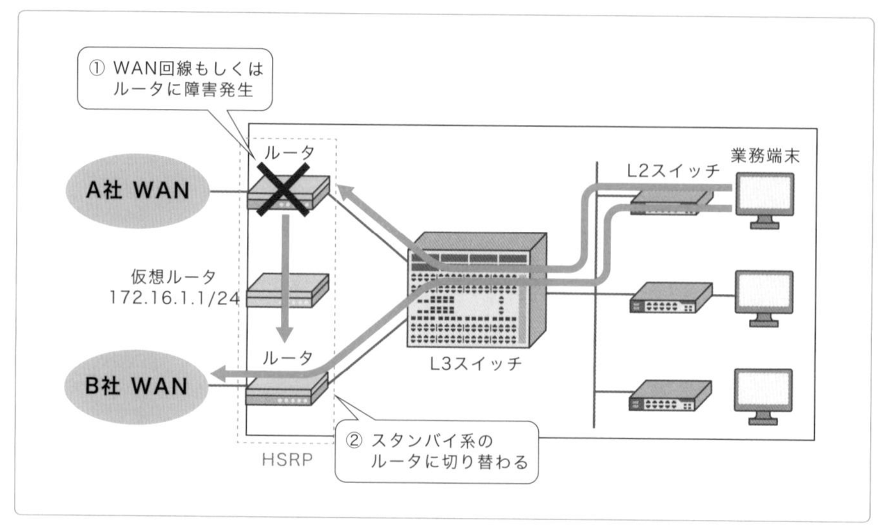

図　WAN回線を別々の通信事業者から借りた構成

アクティブ系の回線やルータ自体に障害が発生しても、自動的にスタンバイ系であるルータに切り替わります。この動作を実現する有名なプロトコルがシスコ社の独自プロトコルであるHSRPです。また、同様のプロトコルで業界標準となっているものとしてVRRPがあります。

仕組みとしては、双方のルータのIPアドレスを使うのではなく、上図のように仮想のIPアドレスを設け、そのアドレスを使って通信を行います。障害時のアクティブとスタンバイの切り替え時間は数秒単位で行われます。

実務のポイント　通信ルートを把握する

上図のように単純なネットワーク構成であれば、どことどこが通信をし、障害が発生したときにはどのルートを代替ルートとするかを把握するのは簡単です。しかし、運用管理する拠点が多くなればなるほど、通信ルートは複雑化します。そのためにも、正常時と障害時の通信ルートを誰もがわかるようドキュメントとして残すのが鉄則です。具体的には、正常時の通信ルート、障害時の通信ルートのすべてのパターンについて構成図を使って可視化します。それをネットワーク運用管理者全員と共有し、どことどこが通信をしているかだけでなく、どのルートを通っているかを、障害時も含めて把握しておく必要があります。また、通信ルートを障害時のルートに自動的に切り替える運用には、ルーティングポリシーの策定が必要不可欠です。

次図は、東北支社のメインのルータがダウンした場合の例です。自動的にWAN回線からバックアップ網（インターネット）へ通信ルートが切り替えられているのがわかります。

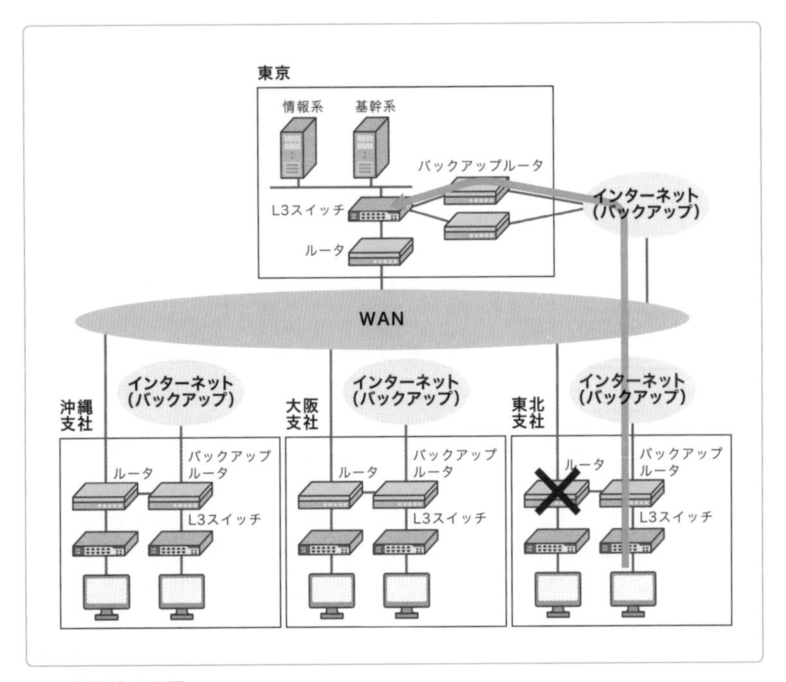

図　障害時の通信フロー
東北支社（右下）のメインルータがダウンした場合、バックアップ網（インターネット）へと通信ルートが切り替わる。

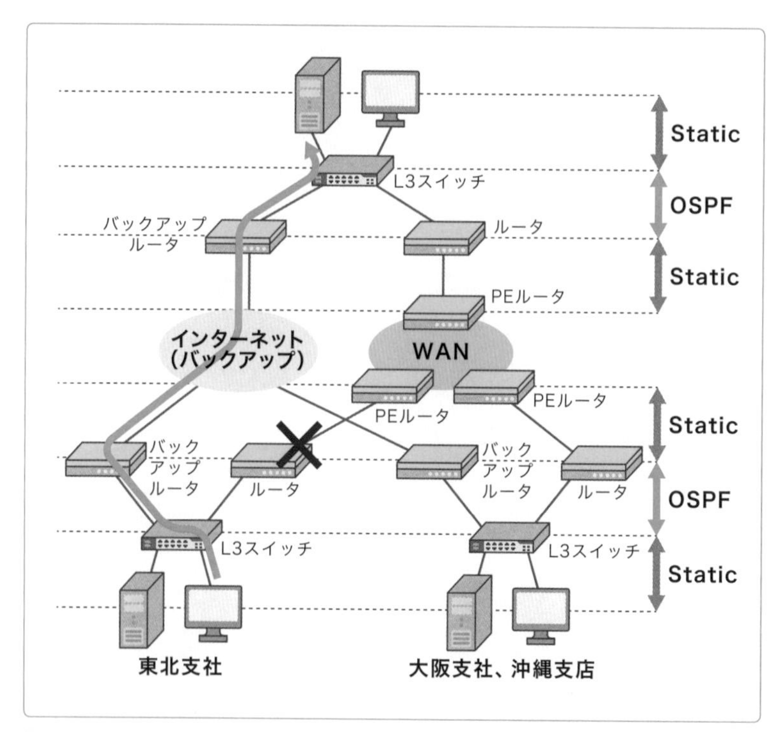

図　ルーティングポリシー

1つのルータで複数のWAN回線を冗長化

　これは次図のような構成です。先ほどの複数のルータを使った構成より可用性において劣ります。ただし、コスト面で若干の優位性があります。構成のためのネットワーク機器が少なくなるのと、構築時の設計費用が省かれるからです。

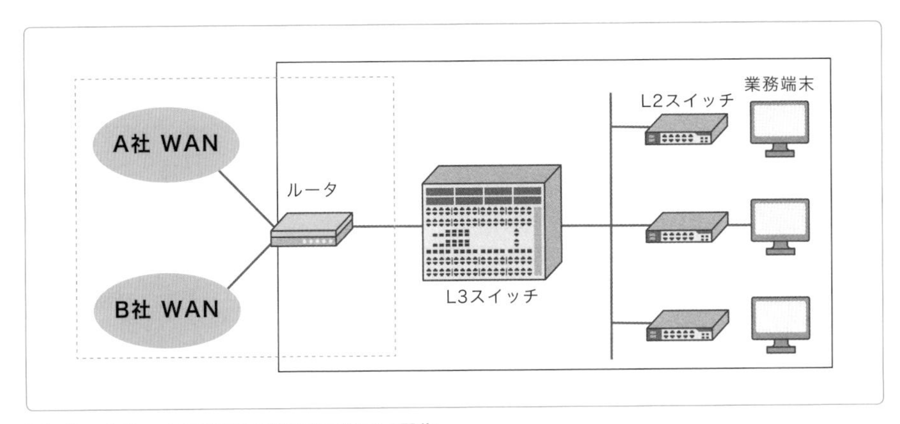

図　1つのルータで複数のWAN回線を冗長化

この構成では、WAN回線自体に障害が発生しても、バックアップルートの回線で継続して通信できます。ただし、**ルータ自体に障害が発生するとすべての通信ができなくなる**という条件付きです。

ルータ本体に障害が発生した際は、運用・保守会社に復旧作業を依頼するわけですが、その間、数時間にわたり通信できなくなります。この通信停止時間は、以下の条件によって左右されます。

①予備品が現場にある（コールドスタンバイとして準備済み）
②予備品が現場にない（運用・保守会社が予備品を持参）

5-2節で述べたコールドスタンバイの構成であれば、通信停止時間は保守員が駆けつける時間に依存します。交換用の予備品は現場にあるからです。

また、コールドスタンバイとして稼動中のルータの近くに設置してある（たとえば、同じラックに設置してある）場合は、ケーブルのつなぎ換えを行う程度ですので、誰でも切り替え作業が行えます。あらかじめ手順書を用意しておいて、現地にいる人に物理的な接続換えを行ってもらい、電源を立ち上げてもらえば、切り替え作業は完了です。そして、後から現場入りする保守員に装置の正常性や通信確認などの最終チェックをしてもらえばよいのです。この方法なら、数分もあれば通信が復旧します。

他方、予備品が現場にない場合、つまり、保守部品を含め運用・保守会社へすべてアウトソースしている場合は、復旧には半日を要すると思ったほうがよいでしょう。

現場のメモ　「どこまで備えるべきか」についての考え方

ルータが1台の構成と2台の構成のどちらがよいかは、ネットワーク障害のリスクをどこまで許容できるかによります。「一時も通信断は許されない」「1～2時間ならなんとか許せる」「障害が起こるかわからないのだから半日ぐらい運が悪いと思えばよい」など、さまざまな意見や考え方があります。

ネットワークの障害への備えは、ある意味、保険のようなものです。保険もどこまで入ればよいのか迷います。お金をかければ条件はよくなりますが、毎月の費用がかさみますので、自分の財布と相談して決定することでしょう。これと同様に、まずネットワーク停止に関する許容範囲を明確にし、費用面と相談し、そのうえで冗長構成を検討する必要があります。

しかし、「そうはいっても」という読者のために話をさせていただくと、昨今のビジネスのネットワークへの依存を思えば、将来必ず可用性の高いネットワーク構成は求められます。まずは「複数のルータでWAN回線の冗長化」をあるべき姿として検討すべきです。その姿を数年後の最終構成として考え、その構成に向かってステップを分けて進めていけばよいのです。一度にすべて行おうとしてはいけません。これが筆者の結論です。

構内ネットワークの冗長化

大・中規模な構内ネットワークでは、必ずといってよいほど冗長構成とします。ネットワークを利用するユーザーも多いですし、サービスが停止したときの影響が大きいからです。

構内ネットワークの冗長化はスイッチで実現されます。つまり、構内ネットワークの可用性は、スイッチにかかっています。

スイッチの冗長化は、通常運用で使っているスイッチの他に、予備のスイッチも備えておく方法です（次図の1）。互いのスイッチは双方ともに稼動状態です。また、各フロアスイッチへの構内LAN配線も、それぞれのスイッチから延びることになります（次図の2）。スイッチ本体、スイッチから端末側へ延びるLAN配線も冗長化が実現されるわけです。

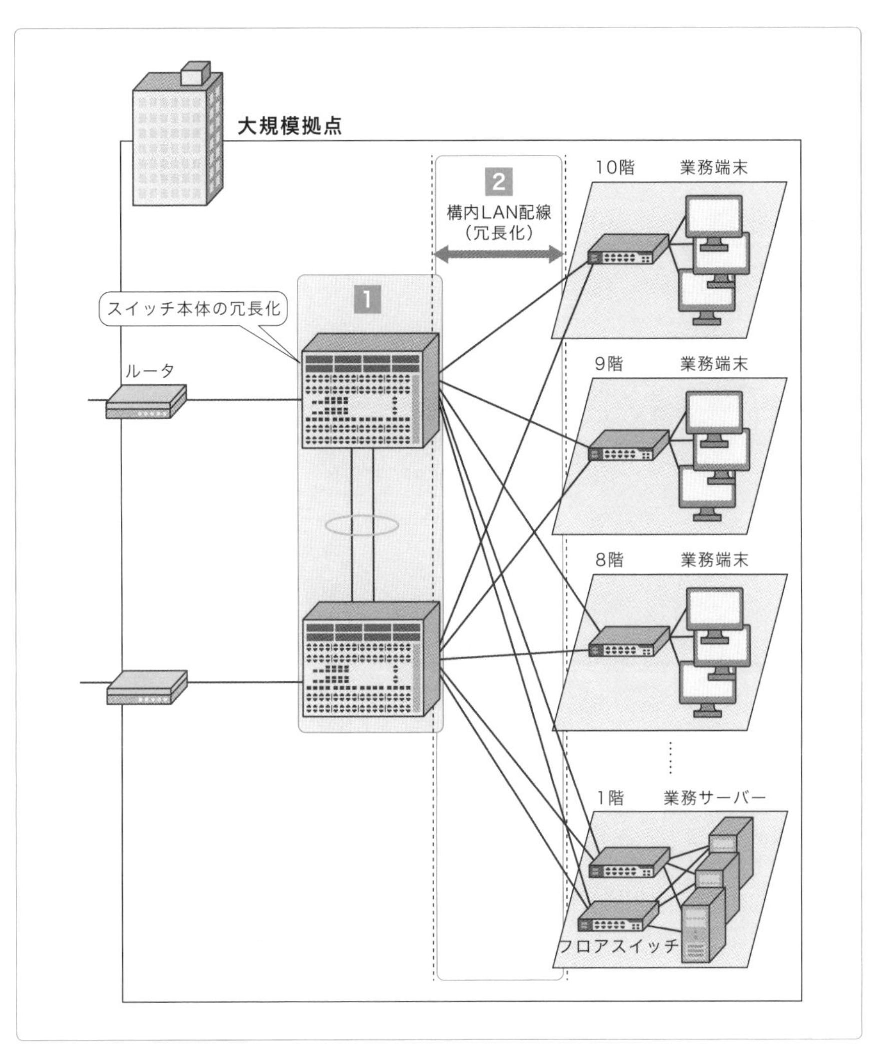

図　スイッチ本体の冗長化

スイッチ本体に障害が発生した場合

それでは、スイッチ本体の冗長構成で実際に障害が発生した場合を見ていきましょう。まずは、**スイッチ本体の障害**です。

今回の構成であれば、万が一スイッチ本体に障害が発生したとしても、**予備用のスイッチに自動的に切り替わります。**ユーザーは、**バックアップルー**

トを通じて迂回路で通信することになります。運用に支障をきたすことなく、継続的な通信が実現できます。スイッチ本体を冗長化していれば、片系稼動しつつも故障品の装置を交換作業できる点がメリットといえます。ただし、導入機器が増えれば増えるほど、運用が煩雑化するという点がデメリットです。

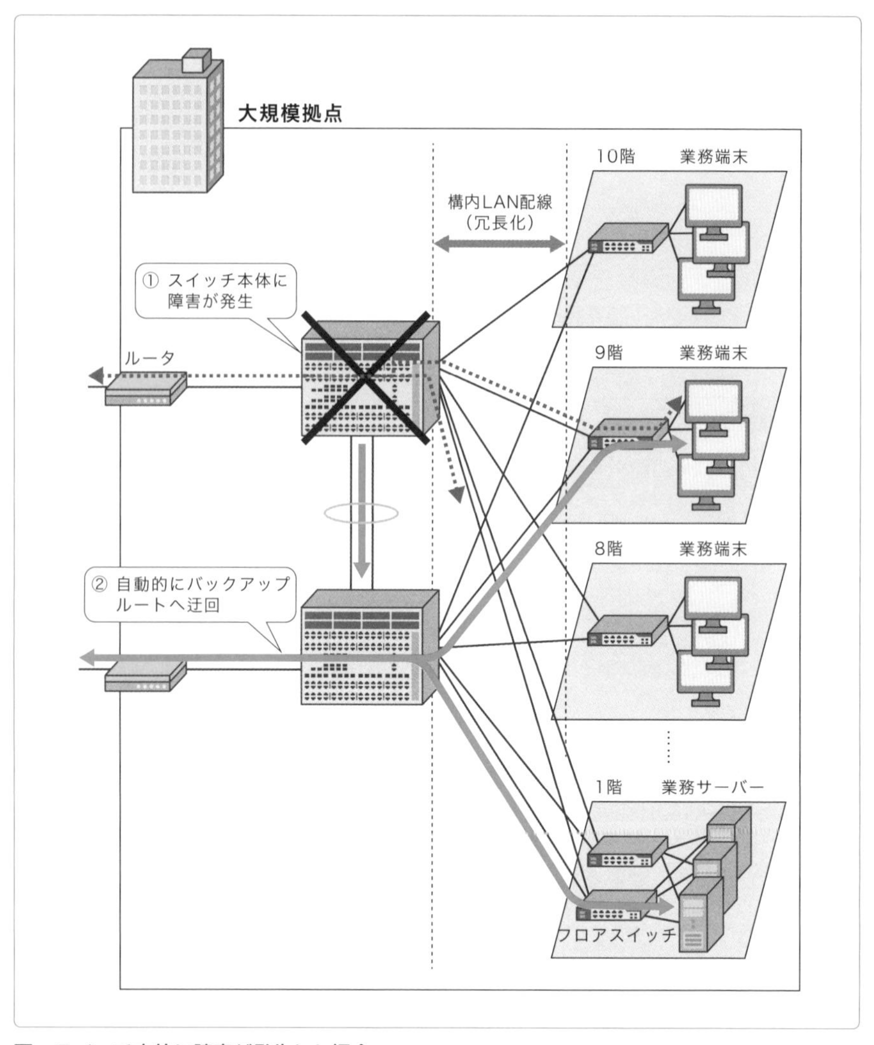

図　スイッチ本体に障害が発生した場合

スイッチのポートやLAN配線に障害が発生した場合

次に、スイッチのポート（次図の1）やLAN配線（次図の2）に障害が発生するとどうなるでしょうか？

今回の構成であれば、万が一スイッチのポートやLAN配線に障害が発生したとしても、**予備用の通信ルートに自動的に切り替わります。** ユーザーは、先ほど解説した「スイッチ本体に障害が発生した場合」と同様、運用に支障をきたすことなく、継続的な通信が実現できます。

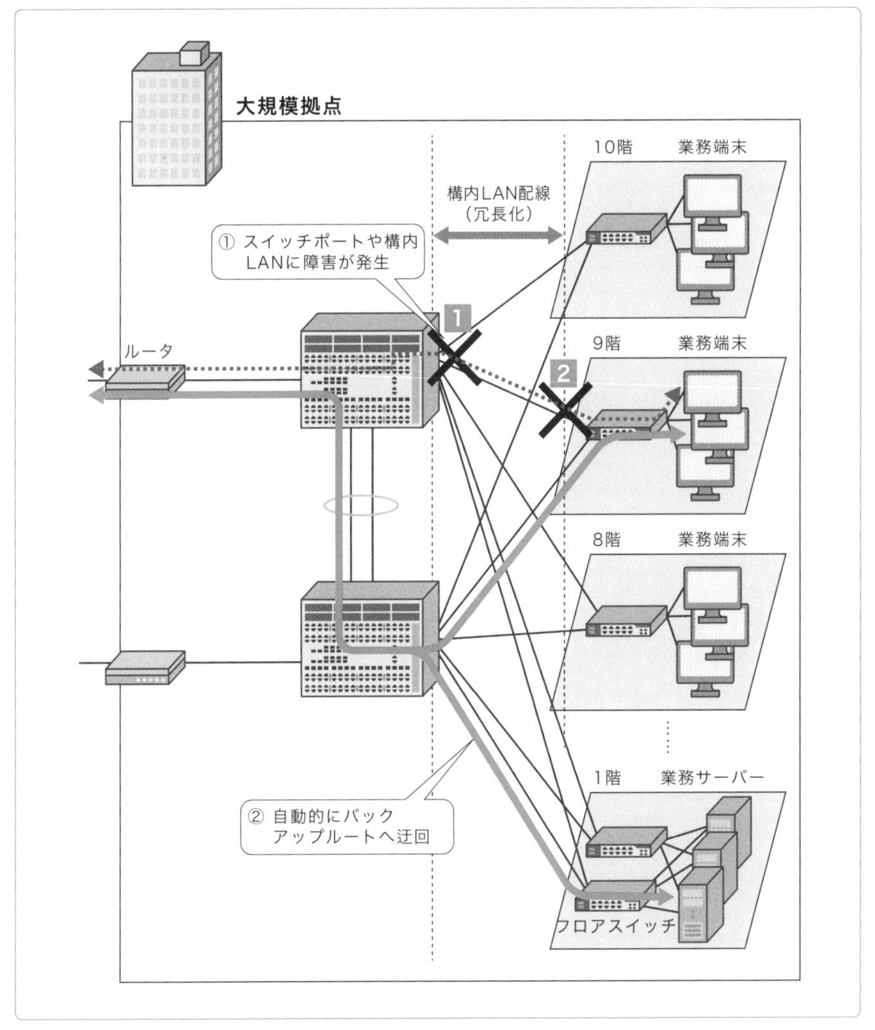

図　スイッチのポートやLAN配線に障害が発生した場合

現場のメモ　電源の冗長化

ネットワーク機器の電源部分も冗長化するのが現場の鉄則です。

ここまでに、ネットワーク機器は初期不良以外はハードウェア故障は少ないと述べてきましたが、意外にも現場で多いのが電源故障です。特に5年を経過するとその傾向が出てきます。

そこで、ネットワーク機器本体に空きスロットがある場合は、電源の冗長化ができます。

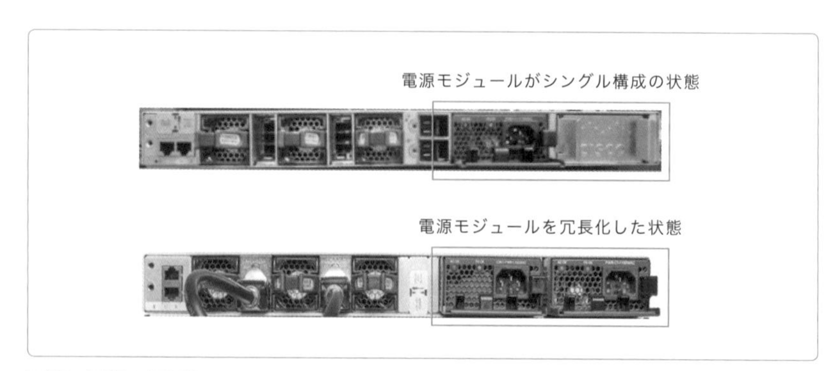

写真　電源の冗長化

シングル構成で電源が故障すると、装置本体の障害と同じインパクトとなります。それだけ重大です。この場合も、冗長化をしておけば、仮に片系が落ちても影響はありません。冗長化は現場の鉄則であることをあらためて認識してください。

現場のメモ　費用とリスクのバランス

ここまで、企業ネットワークでは装置や接続回線の2重化による冗長化が不可欠であることを解説してきました。こうした冗長化を実施している企業は多くありますが、地方拠点ではいまだにコールドスタンバイ機を現地に配置して物理的にケーブルをつなぎ換える運用をしているところも珍しくありません。しかし、コールドスタンバイ機による冗長化対策では人が作業するためヒューマンエラーが発生するリスクがあります。人が行うことですので、復旧作業にも時間がかかります。日々の訓練や定期的な装置の点検も必要で、維持コストがかかります。確かに予算の問題はありますが、結果的に損をすることがないよう、リスクを正しく見積もって、必要な投資を怠らないことが大切です。

5-4 [運用設計] さらなる冗長化対策

前節で紹介したように、冗長化対策では、ネットワーク機器や電源の冗長化で物理的に経路を確保したり、ルーティング制御やVRRP機能で論理的に経路を確保したりするのが定番です。

本書では冗長化対策のさらなる高度化という視点で、「マルチシャーシリンクアグリケーション」(本節)、「ループ防止機能」(5-5節)について取り上げます。

マルチシャーシリンクアグリケーション

スイッチで構成されたネットワークの通信ルートを冗長化する技術には、さまざまなものがあります。代表例が「スパニングツリープロトコル(STP)」です。STPは今でもよく使われていますが、現場では以前からいくつもの問題が指摘されていました。ネットワーク設計や運用管理が煩雑であること、使用できないポートが生じて非効率であること、そして致命的なのが障害時の復旧(以降、**収束**といいます)に時間がかかることです。

こうした問題はあるものの、実際の現場ではその場しのぎで対処してきたという現実があります。いったんネットワークを設計して導入し、運用を開始してしまうと、設計全体を見直して大幅な構築作業を再度実施することは避けたいです。

しかし、昨今の現場では問題の発生や先送りは命取りになります。そのため、問題が発生してから対応するのではなく、運用設計段階から検討することが重要です。未然防止という考えです。

上記のような課題の多いSTPを使わない「STPフリー」の冗長化手法として、今ネットワークの現場で定番なのが「マルチシャーシリンクアグリケーション」という手法です。

リンクと筐体の冗長化手法

マルチシャーシリンクアグリゲーション（MC-LAG）は、**「リンクアグリゲーション（LAG）」と「スタック接続」という2つの技術を組み合わせたもの**です。それぞれ説明しましょう。

まず、リンクアグリゲーション（LAG）とは、**イーサネットのリンクを複数束ねて1つのリンクとして扱う**技術です。この技術により、LAG内の1つのリンクに障害が起こっても、残ったリンクでデータの送受信が維持されます。障害が起こったリンク（インタフェース）は自動的にLAGから排除され、復旧時は自動的にLAGに戻ります。また、LAG上のトラフィックはLAGに参加しているすべてのリンクでロードバランス（負荷分散）されるため、ポートの無駄遣いは発生しません。

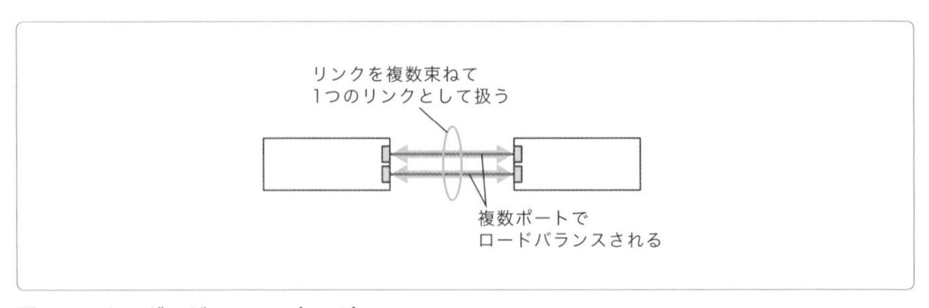

図　リンクアグリゲーション（LAG）

次に、スタック接続とは、**複数のスイッチを1つのスイッチのように機能させる**技術です。一般に、専用のポートを専用のケーブルで接続します。通常のイーサネットケーブルでスイッチ間をつなぐ製品もあります。

スタック接続したスイッチは、1台が親スイッチとなり、他の子スイッチを集中管理できます。たとえば、シスコ社のスイッチ製品では、「スタックマスター」と呼ばれる親スイッチと「スタックメンバー」と呼ばれる子スイッチによってスタック接続が構成されます。

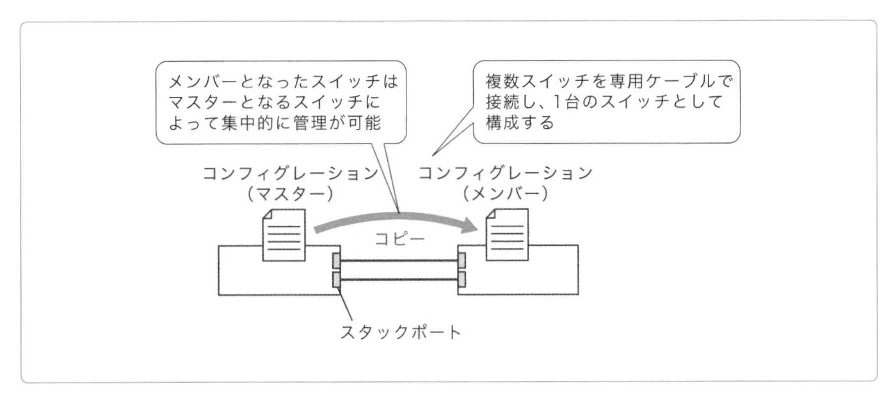

図　スタック接続

スタックポートというスタック接続専用ポートで両者を接続すると、あらかじめ設定しておいた優先度（スイッチプライオリティ）に応じて、親であるスタックマスターが選出されます。

スタックマスターの設定情報（コンフィグレーションファイル）が定期的にスタックメンバーにコピーされます。そのため、スタックマスターだけに設定を施せば済みます。

スタック接続のメリットは、複数スイッチを1つのスイッチとして扱えることで、**アドレス設定などの管理の手間を半分以下に減らせる**点です。運用開始後の機器の設定変更の手間も大きく減らすことができます。昨今の維持運用の大事な考え方は、装置の障害だけに目を向けないことです。ネットワークが拡大するとネットワーク機器の管理の手間も増えます。装置という物理的なものだけでなく、IPアドレスなど論理的なものの管理が煩雑となりますので、**管理の手間を少しでも軽くする**という視点はとても重要です。

現場のメモ　スタック接続でスイッチポートを増やす

スタック接続の活用ポイントは、障害の未然防止だけではありません。複数のスイッチがあたかも1台のようにふるまえるので、ポートを増設したいときにも役立ちます。たとえば、48ポートのスイッチ×2＝96ポートのスイッチといった具合にポート数を増やすことができます。

現場のメモ スタック接続する際の注意点

スタック接続する場合、機種、ソフトウェアバージョンは必ず同一にします。これは、どのメーカーの製品でも動作上の推奨となっています。特に交換作業の際は、p.23で紹介した機器管理表などで、現場の機器のソフトウェアバージョンを事前に確認します。その後、ソフトウェアのバージョンを合わせせ、機器交換をすることを忘れないでください。同一機種、同一ソフトウェアバージョンが鉄則です。

2つの冗長化手法を組み合わせる

スタック接続された複数のスイッチは1台のスイッチのように扱えるため、筐体またぎでLAGを構成できます。つまり、異なる筐体につないだリンクを束ねて1本のリンクとして扱えます。これがマルチシャーシリンクアグリゲーション（MC-LAG）です。

たとえば4台のスイッチによる構成を考えてみましょう（次図）。

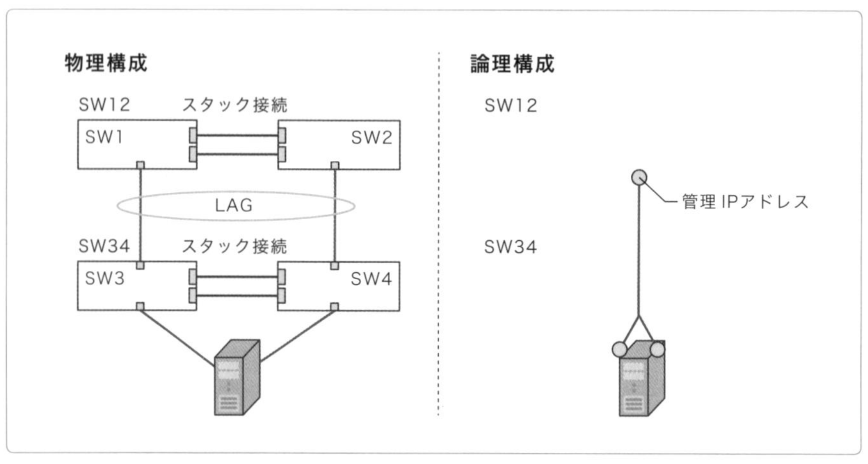

図　マルチシャーシリンクアグリゲーション（MC-LAG）
スタックされた複数のスイッチは1つの機器のように扱うことが可能なため、筐体またぎでLAGを構成することができる。

スイッチ1（SW1）とスイッチ2（SW2）をスタック接続して1台の「スイッチ12（SW12）」とし、同様にスイッチ3（SW3）とスイッチ4（SW4）をスタック接続して1台の「スイッチ34（SW34）」とします。そしてスイッチ1

とスイッチ3、スイッチ2とスイッチ4をそれぞれLANケーブルでつなぎます。この2本のリンクをMC-LAGとして設定します。これにより、2台のスイッチSW12とSW34が1本のリンクで接続されているように見えます。完全にループフリーで、非常にシンプルな構成となります。

耐障害性としては、**リンクの障害とスイッチ筐体の障害の両方に備えられます**（次図）。リンク障害時にはLAGの収束により解決されます。つまり、LAGを構成する2本のリンクのうち、1本のリンクで通信を継続します。他方、筐体障害時にはLAGの収束とスタック接続の収束によって解決されます。

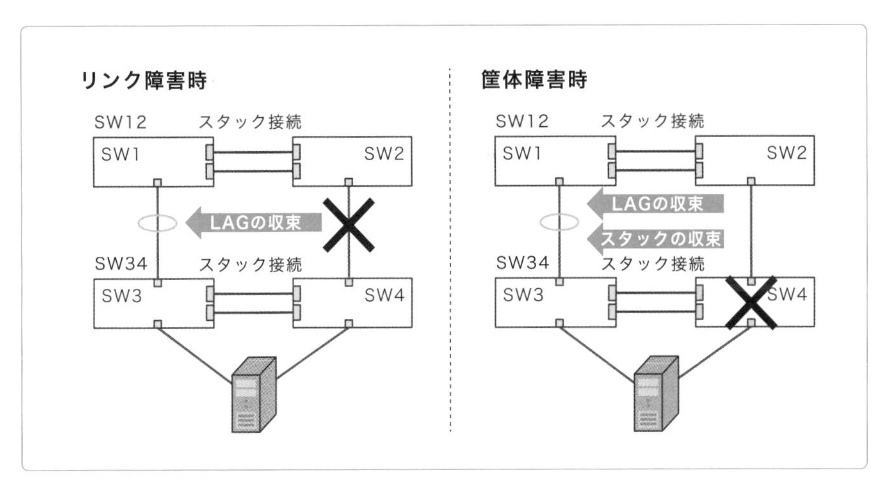

図　MC-LAGの耐障害性

MC-LAGのメリット

これまで解説してきたMC-LAGのメリットをまとめると、次の4つになります。

- ポートの有効活用
- 管理性の向上
- シンプルな論理構成
- 障害影響時間の短縮

1つ目は、ポートの有効活用です。STPでは、必ずブロッキングポート（データを送信しないポート）が必要でした。MC-LAGは全ポートでデータを送受信するため、帯域を無駄なく利用できます。企業ネットワークの設備投資は、年間の予算が決められています。限られた予算の中で投資をするわけですから無駄のないネットワーク設計を目指すべきです。そのため、**帯域の有効活用は昨今の現場の鉄則**です。ポートがすべて使えれば利用帯域も増えます。冗長化しつつ、帯域を増やすという両方の側面でメリットがあります。

2つ目は、管理性の向上です。MC-LAGは、スタック接続のメリットも兼ね備えています。コンフィグレーションファイルが1つで済むため、設定変更やアドレス管理がシンプルになります。ネットワーク構成が複雑になり運用業務が肥大している状況下では、**管理の手間を抑制することが現場の鉄則**です。

3つ目は、シンプルな論理構成です。論理構成をシンプルにして、複雑で不安定なプロトコルを使わず機器の冗長化が可能になります。**面倒な設計、不安定なプロトコルの採用による障害を未然に防ぐのも現場の鉄則**です。

4つ目は、障害影響時間の短縮です。障害時の切り替えはハードウェアで行うため、**ミリ秒単位での収束が可能**です。障害が生じてもミリ秒単位で切り替えられれば、アプリケーションに影響を及ぼしません。特にメールやWebの利用者は通信影響があったことさえ気づかないでしょう。

⚠注意点：LAGは同一メーカーで組むのが鉄則

LAGのメリットとして、もう1つ、容易な相互接続が謳われることもあります。LAGの部分はベンダー独自のプロトコルに依存しないため、メーカーの異なる機器同士でも接続できます。ただし、このメリットを額面どおりに受け取って、マルチベンダーでMC-LAGを組むのは勧められません。いくら標準プロトコルを採用しているといっても、異なるメーカーの製品でネットワークを組み上げるのは、よほどの理由がないかぎり避けるべきです。相互接続ができるというメリットを把握しつつも、**同一メーカーでネットワークを組むのが現場の鉄則**です。

大きな理由の1つは、障害時の切り分けの際、解析依頼などをする場合に複数のメーカーに問い合わせなくてはならないからです。他メーカー同士で故障原因のなすりつけあいになり、原因究明に時間を要するというリスクが生じます。異なるメーカーの製品は、ハードウェア交換などで一時的にどうしても使わざるを得ない、といった暫定運用に限るべきです。

現場のメモ シンプルな論理構成

昨今のネットワーク設計はシンプルな論理構成にするのが鉄則です。いろんな機能を使うと便利かもしれませんが、その半面、ネットワーク設計が煩雑となり、障害時に障害箇所を見つけづらいという問題が現場で増えています。後々の運用・保守段階も視野に入れ、シンプルな論理構成を意識しましょう。

また、予算的な問題で、フロアスイッチは既存のままにして、スタック接続を取り入れない選択もあるかもしれません。ここでいうフロアスイッチとは、皆さんが普段仕事で使うPCに近いスイッチです。

そういった場合でも、上位層のスイッチだけにスタック接続を導入し、単一のフロアスイッチとリンクをつないでMC-LAGを構成する方法もあります（次図）。これだけでも大きなメリットが享受できるはずです。

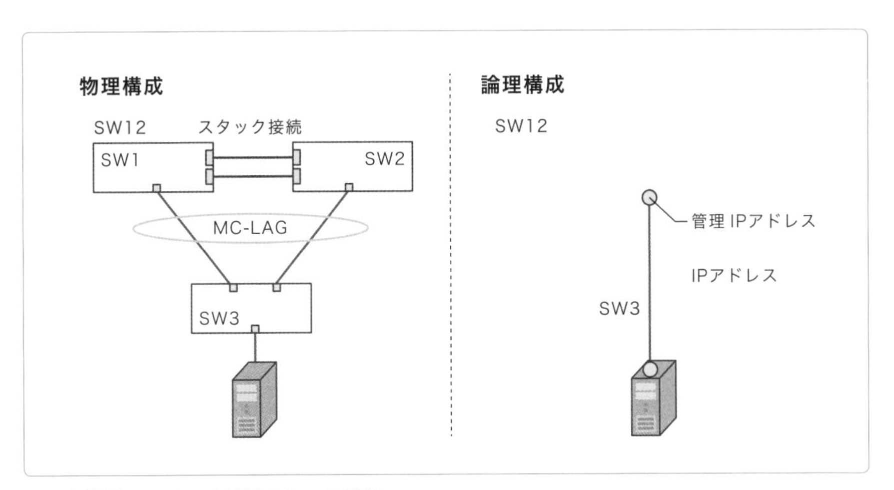

図　上位層のスイッチだけスタック接続
フロアスイッチが冗長化されていなくても、LAGが組める機器であればSTPなしで上位層の冗長化が可能。

5-5 [運用設計] ループ防止機能

企業ネットワークでのネットワークループの防止策は、昔からいくつもありました。しかし、昨今のネットワークの拡大に伴い、昔ながらの防止策では運用が困難な状況になっています。現在は、スイッチ本体にブロードキャストやマルチキャストの流量（帯域）のしきい値を設定し、自動でポートをシャットダウンしたり、パケットをドロップ（破棄）したりすることができる技術が導入されており、これを活用するのが現場の定番です。本節で詳しく解説していきます。

ネットワークループは容易に発生する

スイッチで構築するネットワークは、**ループ状に接続することによるネットワーク障害**が多く、ネットワーク設計者や管理者だけでなく、エンドユーザーもループ接続を作ってしまう危険性が潜んでいます。

たとえば、複数のPCをつなごうとしたエンドユーザーが、自身で持ち込んだスイッチを企業が管理するスイッチに接続するケースです。また、エンドユーザーの身近にあるフロアスイッチの空きポートに無断でLANケーブルをつないでしまうケースもそうです。それ以外にも、スイッチのVLANの設定を誤って入力してループを作ってしまうケースなど、さまざまです。これらは**ネットワーク規模の大小にかかわらず発生**します。

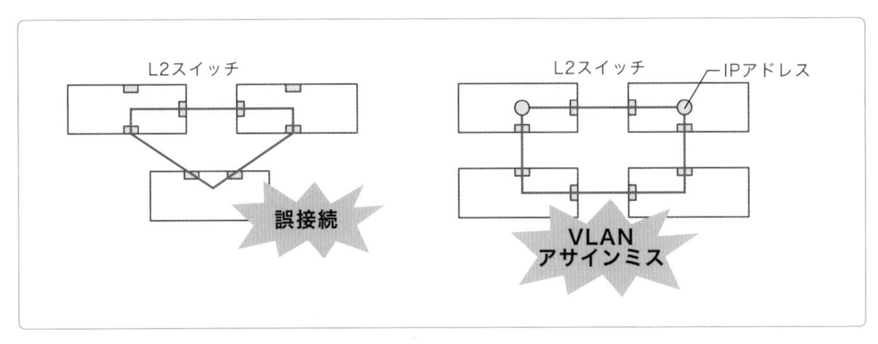

図　ループ接続の発生

なぜループ構成がいけないのか？

対策の話に入る前に、そもそもなぜループ構成がいけないのか、その理由を確認しておきましょう。**ループ接続の問題は、ブロードキャストストームを引き起こすこと**です。

ネットワーク内の装置からブロードキャストが送出されると、それを受け取った装置は受信ポート以外のすべてのポートからブロードキャストを送出します（フラッディング）。ブロードキャストドメイン内の装置がフレームを受信した時点で伝送は終了します。しかし、ここでネットワークがループ状に構成されていると、ブロードキャストを送出した装置にまたブロードキャストが戻ってきてしまいます。そして、それをさらに送出するという、ブロードキャストが回り続ける現象が起こります。ブロードキャストは回るたびに次第に増えていき、最後はネットワークの帯域がフレームで埋め尽くされます。これがブロードキャストストームです。

ループ接続において脅威となるのはブロードキャストだけでしょうか。それは違います。ループ接続発生時に抑止すべきものはL2スイッチにおいてフラッディングされるフレームすべてです。マルチキャストフレームもL2スイッチではフラッディングの対象であり、**マルチキャストについてもストームの抑制が必要**になってきます。

▶▶ 以下、「ブロードキャスト」といった場合はマルチキャストも含むものと思ってください。

ループ接続による障害が及ぶのは、基本は同じVLAN内に限ります。ただし、ブロードキャストはすべてのL3スイッチで自分宛のパケットとみなされるため、必ずCPUによる処理が発生します。大量のブロードキャストをスイッチが受信し続けると、そのパケット処理に追われて装置のCPU負荷が高まり、結果として他のVLANの通信にも影響を及ぼすことになります。

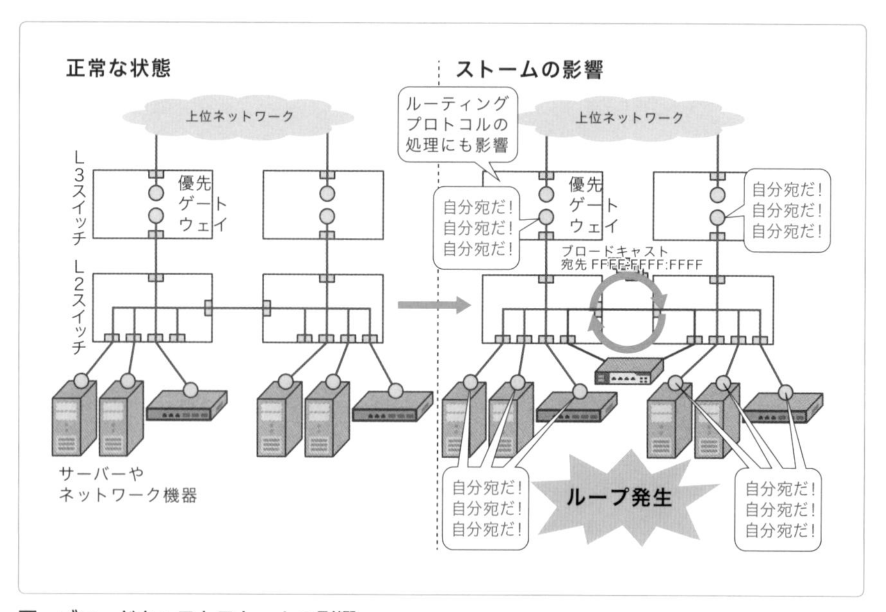

図　ブロードキャストストームの影響
ブロードキャストストームにはすべてのL3スイッチが応答しなければならない。機器の負荷が上昇し、制御不能なほどになってしまう。

ブロードキャストストーム専用の対策機能

それでは、ループ接続への対策の説明に入ります。

スイッチ・ネットワークにおけるループ対策として、以前よく使われた対策は「**スパニングツリープロトコル（STP）のブロッキングポートでループを遮断する**」というものです。しかし、この対策は昔から課題がありました。代表的なものとしては大きく3つです。

- STPはメーカーごとに初期設定が異なる
- ルートブリッジを決める手順が煩雑
- ハードウェア障害などが原因でブロードキャストストームが起きるリスクがある

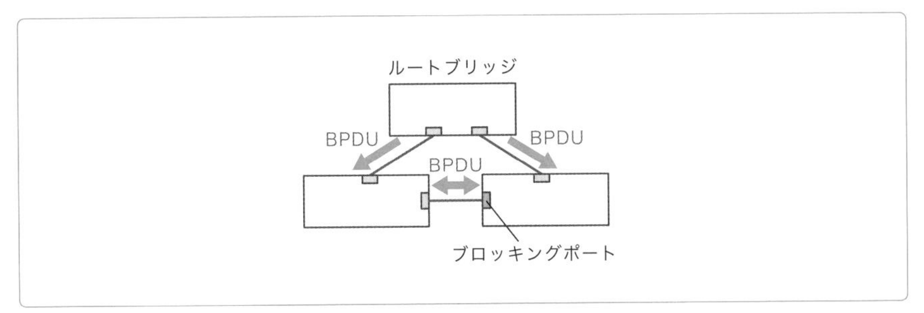

図　STPのブロッキングポートでループを遮断する
STPは特定のルートブリッジを起点として送信されるBPDUを互いに送信し合い、ループを構成するポートの中から1つのブロッキングポートを決定する。

そこで登場したのが、スイッチにSTPを使わないループ対策です。このループ対策には次の２つのタイプがあります。

- ストームコントロール
- ループ検知

ストームコントロールとは、**単一のスイッチで帯域の使用量を監視することでループ接続を検知する**方法です。具体的には、ブロードキャストなどのフレームが正常時にどのくらい帯域を使っているかをあらかじめ測定し、それを基準にしきい値をスイッチに設定しておきます。そのしきい値を超えたらループ接続が生じたとみなす機能です。

スイッチは、ネットワーク上でループ接続が生じたとみなすと、しきい値を超えた分のフレームをドロップ（破棄）したり、該当するポートをシャットダウンしたりします。フレームをドロップするか、ポートをシャットダウンするかは、スイッチで設定できます。

▶▶ストームコントロールの設定については次項で説明します。

ループ検知はスイッチから**定期的に独自のループ検知（キープアライブ）フレーム）を送出し、このフレームが自分に戻ってきたらループ発生とみなし、ポートを無効にする**機能です。この機能を利用するケースとしては、スイッチ本体内またはスイッチ間で発生したループを遮断する場合や、配下のスイッチでループが発生したことを検知したい場合などがあります。

ストームコントロールの設定

ストームコントロールの設定では、以下のパラメータを決める必要があります。

- ループを検知したとみなす、しきい値
- ループ検知時のアクション（ドロップかシャットダウンか）
- 設定するポート

これらの値の決め方について具体的に考えていきましょう。

しきい値の設定

ストームコントロールのしきい値は、スイッチのポート単位にインタフェース速度のパーセンテージ、あるいはbps値を用いて設定しますが、このしきい値をいくつにするかは非常に悩ましい問題です。値が高すぎればループが発生しているのにコントロールが作動しないかもしれませんし、逆に低すぎれば正常時にもコントロールが作動してしまいます。

実際、この値は**実環境でのトラフィックの測定と、同一装置を用いた検証環境でのテスト**を行い決めていくしかありません。ただ、いくつかの方針があります。

準備

まず、既存の実環境の情報収集を行います。ブロードキャストとマルチキャストの利用帯域を確認しましょう。実環境のスイッチに対し、ストームコントロールを設定します。ただし安全のため、しきい値は99.99％（最大値）、検知時の動作はドロップ（シャットダウンでない）であることを確認してください。これによりスイッチ上でコマンド実行、あるいはMIB値をポーリングすることで、ブロードキャストトラフィックの量が確認できるようになります。１カ月程度収集し、最大値を確認することが望ましいでしょう。

設計

しきい値を仮決めします。この値の条件は**上記の準備で確認したトラフィック量の最大値より十分に大きい**こと、かつ**ブロードキャストドメインに参加している全インタフェースの最低速度の２倍より小さい**ことです。たとえば、あるスイッチのアップリンクが1Gbps、ダウンリンクが100Mbpsである場合には、しきい値は200Mbpsより小さくすべきです。これは100Mbpsのインタフェースを介してループが発生した場合、右回りと左回りの100Mbps×2 (Full Duplex)を超えるトラフィックは発生しないからです。実際には、最も低速なインタフェースが100Mbpsであれば、まず99Mbpsとしておくのがよいでしょう。

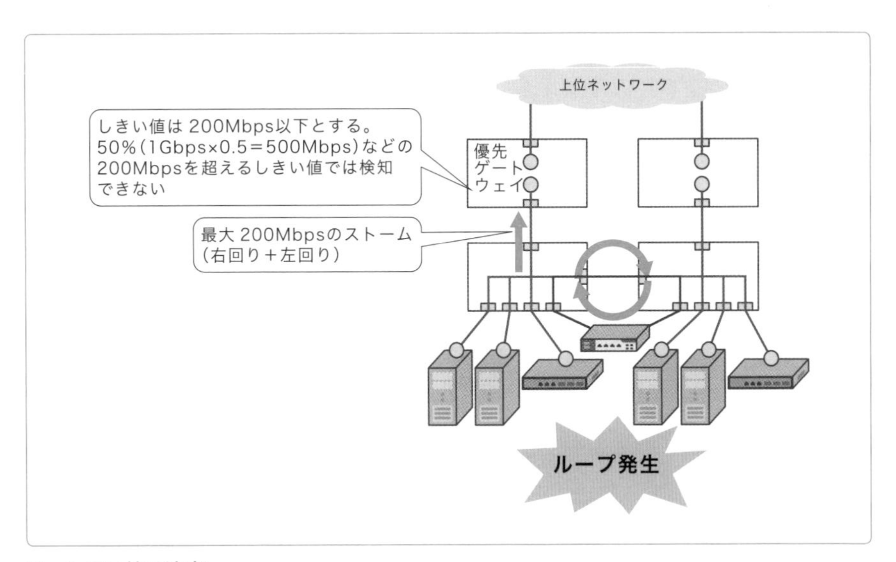

図　しきい値の決定

ブロードキャストドメインに参加している全インタフェースの最低インタフェース速度の2倍より小さくしておくこと。

ここで決定した値はすべての速度のインタフェースに適用します。たとえばしきい値を90Mbpsとしたならば、インタフェース速度が100Mでも1Gでも10Gでも、しきい値90Mbpsとなるように設定します。

検証

検証環境で、上記の設計で決めた値を設定し、実際にループを発生させて期待した動作が得られるか確認します。ループ発生後、数秒で動作することが目安です。機器の性能が原因でストームトラフィックの量がしきい値に達しない場合、設計で検討した範囲内でしきい値を下げていく必要があります。

アクション設定

ストーム検知時の動作は、基本的にシャットダウンに設定します。これは、ストームが発生すると、最悪の場合は機器にログインすることすらできず、解決方法は現地でケーブルを抜くという方法のみになってしまうからです。こうならないために、ループの元を断つのです。

ただし、実際の現場のファーストステップとしては、いきなりシャットダウンの設定にするのではなく、まずドロップかつトラップ送信の設定にしておきます。そして、一定期間正常に動作することを確認した後、ドロップの設定をシャットダウンに変更するようにします。理由は、一時的に発生し収束するバースト的なトラフィックを検知してしまわないかを確認するためです。たとえば「顧客の新規設置サーバーから予期せぬ大量のマルチキャストが送信され、意図しないストームコントロールの動作が発生した」ということもあります。正常時にストームコントロールが作動しないことが確認できたら、シャットダウンするように設定します。

設定ポートの選定

ストームコントロールは1リンクあたり、片側のポートに設定すれば十分です。では、どちらのポートに設定すべきでしょうか。ここでは「**上位側のポートで設定する**」というルールを適用します。

理由は、ポートシャットダウン時のトラップを検出できるようにするためです。下位側のポートをシャットダウンしてしまうと、上位に向けてトラップを送信できなくなってしまいます。これではシャットダウン動作を検知できず非常に危険です。設定ポートはリンクの上位側として、トラップの送信経路を確保します。

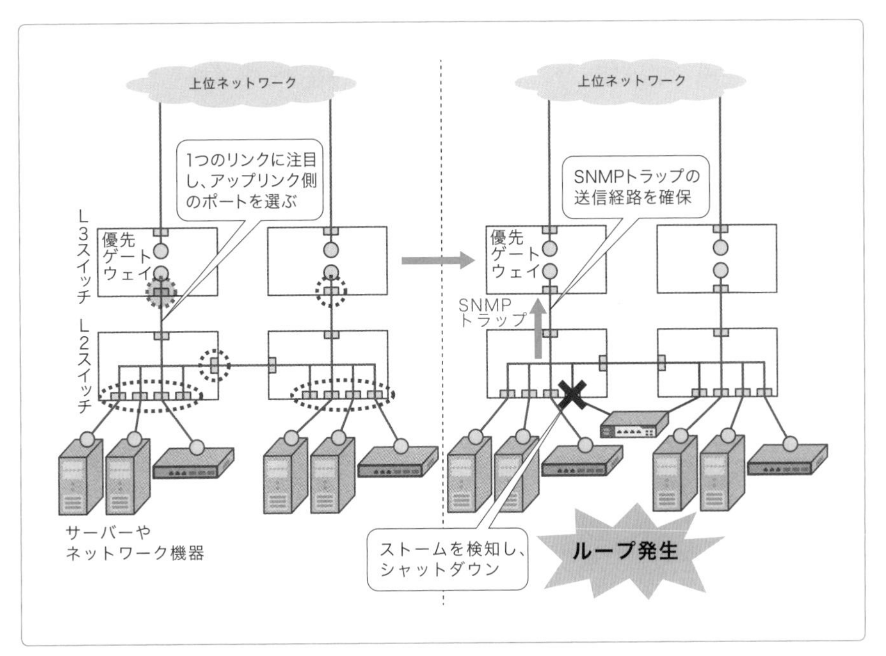

図 ポートの選定

ポートシャットダウン時のトラップを検出するため、「上位側のポートで設定する」というルールを適用する。

5-6 [障害対応] 障害切り分け作業の準備

ここからは**ネットワークに障害が起こった際にどのように対処すればよいのか**を解説していきます。皆さんが普段使っている家電製品が壊れたときは、製品の購入元へ修理を依頼するでしょう。一方、ネットワークの世界における「障害」とは、装置単体のことだけではありません。複数の装置に起因する場合もありますし、装置と装置をつなぐ回線障害もあります。家電製品との大きな違いは、ネットワークとしてそれぞれの装置がつながっており、そのネットワーク上に装置が広く点在している点です。

エンドユーザーが「何かネットワークが使えないなあ…」と感じたところで、この箇所に障害が発生しているからすぐに装置を修復する、とはいきません。まずは障害箇所を特定すること、つまり障害切り分け作業が必要なのです。

障害切り分け作業は、「トラブルシューティング」ともいいます。実際の現場では両方の言葉を使います。本書はネットワークやITの仕事に携わる方の学習を目的としていることから、あえてネットワーク業界で障害対応として使われる言葉である「障害切り分け作業」のほうを用いていきます。

心がけ —— まずは全体像をつかむ

障害から復旧するためには第1に情報が必要になりますが、それは本来疑わしいと思っていたネットワーク機器やサーバーから得られるものだけではありません。しかし、技術力に自信があるエンジニアにかぎって、技術力があるがゆえに、装置ありきで障害切り分けを行う傾向があります。

確かにエンジニアは技術力が売りです。特にお客様から早期復旧を求められている状況であれば、なおさら周りが見えなくなってしまいがちです。しかし、これが障害復旧を遅らせる原因の1つでもあります。ピンポイントで障害が疑われる機器を絞り、コンソールからコマンドを打ちたくなるかもしれませんが、その前に行うべき作業があります。

実際の現場で障害が発生した際には、**障害発生現場の様子、該当装置の周辺環境、接続されている他のネットワーク機器が、何らかの障害原因を見つける手がかりになることが意外にも多い**です。その他にも、障害が発生する直前の状況をお客様 —— それも情報システム部門の人やエンドユーザーなどさまざまな人 —— から入手すること、ありとあらゆる観点から情報を入手することが障害復旧に向けての一番の近道であり、最も重要です。

運用・保守の業務に携わるエンジニアにとって、各装置の専門技術は確かに必要です。しかし、現場においては、

- 事態を俯瞰的に捉えること
- お客様から事実情報を手短に引き出すこと
- 得られた膨大な情報の中から事実だけを選別し、優先度を付けて対処すること

がより求められます。いきなりコンソールからコマンドを打つのではなく、まずは落ち着いて現場周辺の状況を確認するようにしてください。

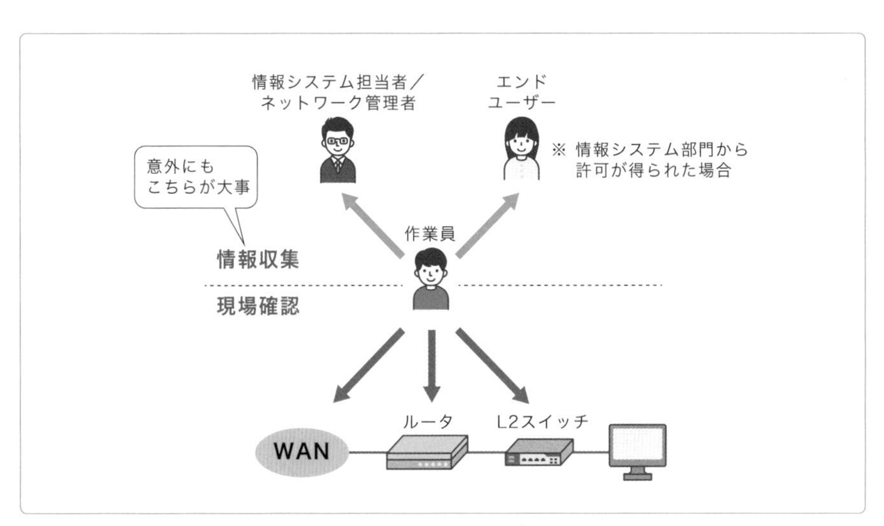

図　障害切り分けで最初に実施すべきこと

いきなりコマンドを打つのではなく、情報収集、現場確認から始める。

現場の状況の確認

障害切り分けを実施するにあたっては、まず現場の状況について以下の事項を確認します。一番注意してほしいのは、お客様へのヒアリング、特に事実情報の収集を真っ先に実施し、その後に現場の装置を目視点検するという点です。

現場の状況の確認

①お客様へのヒアリング(事実情報の収集)
②装置の目視点検

①お客様へのヒアリング

お客様へのヒアリングの内容は、そのときの現場の状況やネットワーク環境によって異なりますが、おおよそ以下に挙げる事項を押さえておくとよいでしょう。

1) 今、ネットワークは使えているのか？
2) 障害発生前や前日にどこかの会社が作業を行ったか？
3) 使えない人は誰なのか？
4) 使えない場所は？　どこに対してできないのか？
5) いつからなのか？
6) どのように使えないのか？

ただし、お客様といってもネットワーク全体を管理している情報システム部門の人もいれば、実際にネットワーク利用するエンドユーザーの人もいます。ヒアリングする相手によって聞く内容は変わってきます。

情報システム部門へのヒアリング

情報システム部門へのヒアリングでは、上記の1)～6)まですべて聞く必要があります。**まず、真っ先に1)を確認します。**この結果によって、対応の優先度ががらりと変わります。今使えていないという情報が得られたら、まず、真っ先に現場に駆けつけることが必要です。

1) のところで、今は問題なく使えている、という情報が得られたら、2) 以降のヒアリングに入ります。その中でも2) が重要なポイントです。

2) のところで何らかの作業があったことがわかったら、ここぞとばかりにそこを重点的にヒアリングします。これがコツです。**今まで正常稼動していたネットワークに何か手を加えることによって障害が生じるというのは、よくあるケースです。**このことはエンジニアだけでなく、営業、管理職であっても、運用・保守に携わる人はぜひ覚えておきましょう。

また、3) 以降は、2) を補うようにヒアリングします。

運用・保守段階に入ると、トラブルの原因はハードウェア障害以外、2) に起因するケースが大半です。現場に駆けつけた保守員は、情報システム部門の人に会い、ネットワークが現状使えているか確認した後に、次の一言を聞いてみてください。

「障害発生前や前日にどこかの会社が作業をされたでしょうか？」

この一言が障害原因を追究するうえで一番の近道です。どんなに技術力があってコマンドを打つのが速くても、装置に精通していても、この一言にかなうものはありません。どんなに些細なことでもかまわないので、警察の聞き込み調査のように、お客様から現場の事実情報を聞き出してください。まずは落ち着いて状況確認するように心がけましょう。

エンドユーザーへのヒアリング

エンドユーザーへのヒアリングは、情報システム部門から許可が得られた場合に実施します。

エンドユーザーへのヒアリングは、先に挙げた1) ～ 6) の項目すべてを聞く必要はありません。情報システム部門の人のようにネットワーク全体が見えているわけではありませんし、技術にも詳しくないからです。

1) ～ 2) はネットワーク全体を把握していないとわからない内容ですので、エンドユーザーに聞く必要はありません。聞くべき項目は3) ～ 6) です。実際にネットワークを使っているエンドユーザーなので、この内容を重点的に聞きます。この部分を情報システム部門の人に聞く場合もありますが、結局はエンドユーザーからの「また聞き」となり、事実を確認するのは難しくなります。実際に現場でネットワークを利用している人に確認するのがポイントです。

②装置の目視点検

ヒアリングが終わったら、ここからは保守員としての才覚が問われます。技術力の見せどころです。ただし、コンソール端末をネットワーク機器に接続してキーボードをたたく前に、すべきことがあります。作業するうえで支障はないか、現場を目視点検しなくてはなりません。

最低限、以下の項目は確認しましょう。3）～5）はそもそも運用設計段階で決定することが理想です。

1）機器の電源は入っているか
2）物理的なLAN配線に問題はないか
3）コンソール端末用の空き電源コンセントが作業現場にあるか
4）スイッチに空きポートがあるか
5）作業を行ううえで必要なツールは揃っているか

1）機器の電源は入っているか

現場に到着してまず初めにすることは、使用している機器の給電の有無の確認です。今まで正常に使用できていたものが突如使用できなくなったという場合、最も多いのがこの事象です。物理配線や機器の設定が正しく行われていても、電源が落ちていては通信できません。

以下の現象はユーザーに一番近い場所（たとえば、フロアに配置されているスイッチ）で多く発生します。具体的な事例を紹介します。

- 機器の電源ケーブルがルーズコネクトになっていた
- フロアのレイアウト変更を行った際に電源が抜けてしまった
- レイアウト変更後に電源を差すのを忘れていた
- LANケーブルを差し替えようとして電源ケーブルが抜けてしまった

このように程度の低い障害が意外にも多いのが現実です。初心にかえりOSI参照モデルのレイヤ1（物理層）から確認しましょう。

2) 物理的なLAN配線に問題はないか

もう1つ現場に到着してすることは、LAN配線、つまり物理配線に問題がないか確認することです。いくら機器の設定が正しくても、物理層に問題があれば通信はできません。これは保守員にとって基本中の基本です。ケーブルの誤接続、ケーブルが抜けている、ケーブルが半差し（ルーズコネクト、半抜け）などの問題はないか、目視点検をすることが重要です。

目視点検は誰でもできます。コンソール端末を接続する必要もなく、現場に到着後すぐにできる作業です。また、保守員でなくても、営業や保守員の上司がちょっとお客様への訪問で顔を出したときでも行えます。

ルーズコネクトの原因としては、以下のような事例があります。

- 配線のやり直しなどで、RJ-45コネクタの爪が折れてしまったことにより、ケーブルが抜けて半差しになっていた
- LAN配線工事のときに引っ張られて他のLANケーブルに負荷がかかり、半差しになった

LAN配線の作業を行った際には、作業後に必ずすべてのLANコネクタの接続を再確認するよう心がけましょう。障害の未然防止にもつながります。お客様の顔を見る際には、実際の現場を見ることも心がけたいものです。

アプリケーションごとのサービス提供 WWW、電子メールなど	7 アプリケーション層
データを通信に適した形に変換 文字コード、圧縮方式など	6 プレゼンテーション層
コネクションの確立と切断	5 セッション層
データを通信相手に確実に届ける TCP、UDPなど	4 トランスポート層
アドレスの管理と経路の選択 IP、ルーティングなど	3 ネットワーク層
物理的な通信経路の確立 MACアドレス、スイッチングなど	2 データリンク層
コネクタなどの形状と電気特性の変換 UTPケーブル、光ファイバーなど	1 物理層

②その後、上位層を確認していきます

①保守員はまずここを確認

図 OSI参照モデル
障害切り分け作業では、レイヤ1（物理層）から調査するのが鉄則。その後、レイヤ2、レイヤ3、と上位レイヤに向かって調査する。

3) コンソール端末用の空き電源コンセントが作業現場にあるか

保守作業をするうえでコンソール端末が必要ですが、コンソール端末を使うには電源が必要です。つまり、作業現場に電源コンセントがなければなりません。必ず確認しましょう。この確認も営業や保守員の上司がお客様を訪問した際にできることです。

また、電源コンセントを借用する際には、必ず使用してよい箇所についてお客様に了解をとったうえで借用するようにします。「いつもここを使わせてもらっているから」と油断するのではなく、わかっていることでも確認することが現場のマナーです。

コンソール端末が消費する電源容量はそれほど大きくはないですが、コンセントに接続されている他の機器へ影響が出ないようにしなければならないことはいうまでもありません。

現場のメモ **電源コンセント**

電源は装置の一番の生命線です。電源コンセントは空きの確認だけでなく、現状、ルーズコネクトでないか確認することも必要です。周囲の作業中に知らぬ間に電源ケーブルに触れてしまい、電源ケーブルが抜けてしまった、ということはよくある話です。電源プラグ抜け止めのツールを使って、電源ケーブルが誤って抜けることを防止するのが現場の鉄則です。

4) スイッチに空きポートがあるか

保守員がPing試験や各装置にリモート接続を実施するには、ネットワークに接続しなくてはなりません。ネットワークに接続するには、スイッチに空きポートがなくてはなりません。保守用のポートを使わせていただけるよう、あらかじめ情報システム部門の人と相談しておく必要があります。

このあたりの運用ルールの取り決めは、運用・保守段階に入る前に、お客様との間で行っておきます。

現場のメモ 保守用のポート

保守用のポートは運用・保守段階に入る前に、お客様との間で決めておくのが現場の鉄則です。有事の際は、一刻も早く障害対応を実施しなくてはなりません。たとえば、24ポートスイッチの23番、24番ポートは保守用ポートとし、業務用としては使わないなど、運用設計しておく必要があります。障害が発生してからお客様にその都度確認していては、復旧作業時間のロスとなります。

5) 作業を行ううえで必要なツールは揃っているか

実作業を行ううえで必要なツールが揃っているか、必ず確認します。これは営業やお客様がやるようなことではなく、保守員として常に意識するべきです。たとえばコンソール端末はもちろん、現場に持参するのを忘れがちなコンソール用(シリアル)ケーブル、LANケーブル、作業手順書などです。現場に置いておくことも重要ですが、多くの場合、紛失してなくなっているのが実態です。現場にあるか不明な場合は「ないもの」として考え、必ず持参するよう心がけましょう。

現場のメモ 接続時の注意

最近は不正端末検知などを導入しているケースもあり、ネットワークに未登録のPC

を接続するとアラート検知のもとになります。事前にお客様に確認をするなどして、登録済みのPCを持参してください。持参するPCは固定化するのが理想です。

現場へ行く前に

すでに述べたとおり、作業に必要なツールは事前に準備されていることが望ましいです。ここで今一度、整理しておきましょう。

- コンソール端末
- コンフィグレーション設定表
- コンフィグレーションデータ
- コンソール(シリアル)ケーブル
- UTPケーブル
- 工具類、作業報告書
- ネットワーク構成図
- 作業手順書　など

お客様との運用方法の取り決めで、ツールは常時現場に置いてあるケースもあります。しかし「現場にあるはずだ」ではなく、上に挙げたものに関しては、できるかぎり自ら持参するよう心がけましょう。

また、装置から出力されるパケットを収集するケースも考慮して、PCにLANアナライザーもインストールしておきましょう。

現場のメモ　作業用ツールの現場保管

作業用ツールや手順書は現場に保管するのが理想です。理由は、緊急時の現場駆けつけの際に手ぶらで現地に急行できるからです。限りなくこの状態に運用を近づけることが望まれます。
一方でリスクもあります。物の紛失です。情報漏えいは避けなくてはなりませんので、きちんと施錠できる場所への保管が大前提となります。特に複数の業者が出入りするデータセンター内では、ケーブルをスイッチに接続したままにしたり、ドキュメント類を装置の近くに置いたりすることは、原則禁止です。

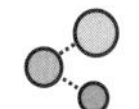

装置の設置環境の注意事項

装置の設置場所が適切であることを事前に確認してください。ルータ、レイヤ2スイッチ、サーバーなどの設置位置や室内のレイアウトについては、構築段階でお客様担当者とよく相談する必要があります。

保守作業用のスペースを十分に確保する

装置の設置は、ただ単に置ければよいというものではありません。もし装置と壁の距離が近いと、以下のような作業ができず、問題が生じます。

- 装置のLEDランプ表示が確認できない
- 装置の交換作業やオペレーションができない
- ケーブル配線ができない
- 固定資産番号シールが確認できず棚卸しができない

また、装置の設置場所周辺にダンボールや荷物を置かないといった点にも配慮が必要です。そもそも作業する装置の前にすらたどり着けないというのは問題外です。

装置の温度上昇を回避する

装置の温度上昇にも配慮が必要です。現在では、複数の機器やサーバーを組み合わせてネットワークが構築されますので、単体のときと比べて温度も上昇しやすくなっています。温度対策として簡単に実施できる代表的な手段を以下に列挙します。

- 壁から離して設置する
- 直射日光が当たる場所は避ける
- 空調環境の良好な場所に設置する

まず、壁から離して設置するのは、装置の冷却ファンの通気をよくするためです。壁と装置が接近していると通気性が悪く、温度上昇の原因になります。装置に内蔵されているファンの場所を確かめ、設置する向きにも十分配慮しましょう。

次に、直射日光が当たる場所は避けなければなりません。たとえば、窓際は温度が上昇しやすいので絶対に設置してはいけません。

最後は、空調環境のよい場所に設置することです。これが3つの中で一番よい方法です。空調環境のよい場所とは、データセンターやマシンルームです。温度が一定に管理され、装置も安定して稼動します。

実務のポイント　よくある障害の例

1) 通信事業者側の障害だった

ネットワーク機器の障害対応でいざ現場入りし、障害切り分けなどを実施したあげく、拠点間を接続している通信事業者側（WAN回線）の障害が原因だったというケースです。

2) ビル停電

ネットワーク機器の監視で障害を検出し、障害切り分け作業をしたところ、現地ビル停電によるネットワーク機器のダウンだったというのはよくあるケースです。保守員はお客様から現地の計画停電の情報は入手しておきたいものです。このような計画停電がある場合には情報を通知してもらうなど、お客様との間でルールの取り決めをします。

3) 通信ケーブルが抜けていた

ルータやスイッチを接続するUTPケーブルやONUを接続するケーブルなどの抜けによる通信断はよくあります。

4) 電源ケーブルが抜けていた

レイアウト変更やネットワーク機器が設置してある付近の整理整頓を行った際に他のケーブルが絡み合い、ネットワーク機器などの電源ケーブルが抜けたケースがよくあります。また、電源コンセントを誤ってつなぎ換えた、もしくは電源ケーブルを抜いてしまったケースもよくあります。

5) 落雷による電源故障

雷により電源関係の部品などを破損してしまうこともあります。落雷の時期だと、場所によっては障害件数が増加することもありますので、要注意です。保守員たるもの、天気予報も常に把握するべきです。

6) 電源故障

停電後の復旧時に過電流が流れることにより、電源関係が故障してしまうことがあります。停電があった場合には、いったん機器の電源をオフにし、復旧後に再度、オンにするのが原則です。

7) 温度異常

機器の設置環境によっては、高温多湿になるケースもあります。機器の設置環境は、必ずメーカーが指定する環境条件を遵守しましょう。
機器に内蔵しているファンが故障したことにより機器の温度が上昇することもあります。日頃から機器の状態を確認することが重要です。
設置場所のほこりによりファンが汚れ、ファン自体の冷却能力が落ちていることもあります。なお、この場合の対処はいたって簡単で、ブラシなどでホコリを払うだけで簡単に対処できます。ただし、この作業は対症療法にすぎません。設置環境をデータセンターやマシンルームに変更しましょう。

8) IPアドレス重複

PCで使用するIPアドレスが重複し、通信できないこともあります。指定したIPアドレスのみをエンドユーザーが使用するように情報システム部門での統制が必要です。

9) UPS故障

UPS(無停電電源装置)に実装されているバッテリーの劣化や破損により、給電が停止してしまうことがあります。バッテリーは消耗品です。定期的な確認と予防交換を心がけるようにしてください。

5-7 [障害対応] ネットワークのどこに障害があるのか

実際の障害対応は、ネットワーク全体のどの場所で障害が発生しているのか把握することから始めます。

まずは、ざっくりと区切るのがコツです。たとえば、以下のとおり3つに分類します。

1）通信事業者網内障害（WAN）
2）構内ネットワーク障害（LAN）
3）ネットワーク品質問題

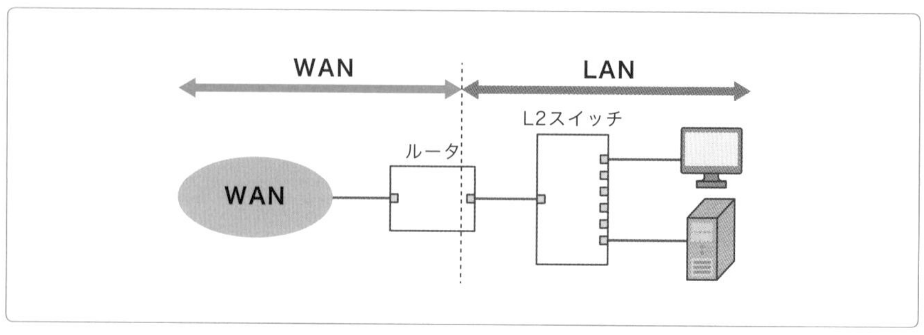

図　ネットワーク障害はどこで発生しているか？

通信事業者網内障害

通信事業者網内障害は、ネットワーク全体でいうとWANの部分の障害です。NTTやKDDI、ソフトバンクといった通信事業者内の設備障害です。

通信事業者内の設備障害の場所は、ざっくり2つに分けることができます。

- 通信事業者局舎内
- お客様宅内

「通信事業者局舎内」は、お客様へ通信サービスを提供するためのネットワーク設備を収容する場所です。つまり、通信サービスを提供しているすべてのお客様の通信データを集約する場所になります。

他方、「お客様宅内」とは、実際に通信事業者からサービスを受けるお客様ビル内のことです。お客様宅内には通信事業者の局舎との橋渡しをするためのルータ（アクセスルータともいいます）が設置されます。ここまでがWANとなります。

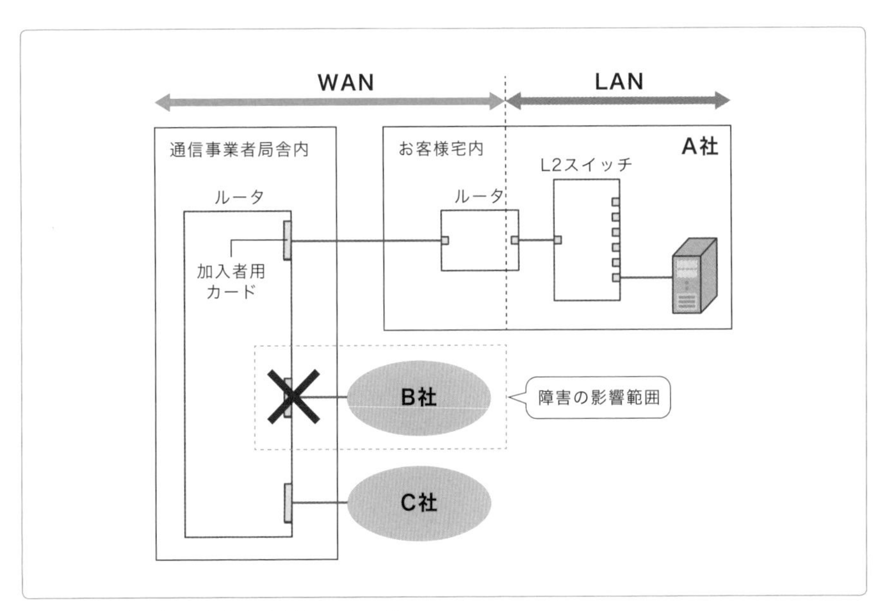

図　通信事業者局舎内とお客様宅内の構成図

WAN側の障害は、上述のように「通信事業者局舎内」と「お客様宅内」のどちらなのかで障害の影響度が異なります。

「お客様宅内」のルータであれば、対象のお客様だけの影響範囲となります。他方、通信事業者局舎内の設備に問題があれば、他のお客様にも影響が及びます。ただし通信事業者局舎内の設備であっても、設備の一部、たとえば設備のカード（加入者用カードともいいます）だけの障害であれば、影響範囲は該当のお客様だけとなります。つまり、お客様宅内ルータの障害のときと同じ影響範囲となります。

現場のメモ　通信事業者内の設備障害

通信事業者内の設備障害までは、自分にはあまり関係がないと思う読者もいるかもしれません。しかし、WAN側の障害をただ単に通信事業者側の回線障害として捉えるのと、通信事業者内の何の障害であったのかというところまで意識するのでは大きな違いがあります。

通信事業者内の何の障害であったのかを意識することで、復旧時間の見込みが立てられます。もし、通信事業者設備がダウンしている場合は、他の会社も通信ができませんので、半日もしくは終日、ネットワーク復旧の見込みは立たないと思ってよいでしょう。一方、加入者用カードの障害であれば、カードの交換で対処できます。数時間での復旧が予測できますので、復旧まで待つという選択肢もあるでしょう。

通信事業者内の設備はWAN側の話なので、なかなか見えづらい部分もありますが、WAN側の障害原因が何であったのか、情報システム部門の人でも障害の原因を押さえておくことが必要なのです。

構内ネットワーク障害

構内ネットワーク障害は、ネットワーク全体でいうとLANの部分の障害です。言い換えると、お客様宅内の設備障害です。

お客様宅内にはルータ（アクセスルータ）が設置されますが、ルータのLAN側のポート以降がLANとなります（p.158の図参照）。

アクセスルータ以降、つまりLANの基幹となる装置はスイッチです。その基幹上に各種サーバーやPCが多数点在しています。大規模ネットワークになれば、それこそ無数といってよいほどでしょう。

近年は、ネットワーク機器とサーバー、さまざまなアプリケーションが連携してネットワークシステムとして稼動していて、障害切り分けも煩雑化しています。LANの障害も、障害箇所により、その影響が異なります。

スイッチのポートのみの障害であれば、そのポートに収容されている機器のみが影響を受けます。しかしスイッチのインタフェースカード（モジュールともいいます）の障害となると、影響範囲がさらに広がります。さらにそれがスイッチ本体ともなると、場合によってはその拠点のすべてに影響を及ぼすことも考えられます。

スイッチやPCのインタフェースなどの機器の不良だけでなく、接続されているケーブルの不良が原因の場合もあります。

ケーブルの不良については、断線などのケーブル自体の不良と、ルーズコネクトなどのケーブルの接続不良によるものがあります。お客様がスイッチにケーブルの両端を差してループを発生させてしまったという障害も珍しくありません。なぜそんなことをするのか？と思いますが、自分が普段使用しているケーブルを他人に使用させたくないと考えて、スイッチから出ているケーブルのもう一端（本来はPCに接続する）をスイッチに差し込んだというケースもあります。

また、障害が発生した場合は、いきなり機器の操作を始めるのではなく、お客様へのヒアリングが重要であると前節で解説しました。障害が発生した前後で何があったのか（誰が何をしたのかだけではなく、出社時間や退社時間、勤務時間中のお客様の行動なども含めて）、時系列を押さえた整理と分析が必要です。

ヒアリングが終わり、現場を目視点検した後の障害切り分け作業によく使われる手法としては、「ICMPによる疎通確認」と「インタフェースの状態確認」があります。

ICMPによる疎通確認

ネットワーク上にある機器またはPCから「pingコマンド」を使用して、通信可能な範囲の確認を行うことが可能です。これにより疑わしき障害箇所が特定できます。そのためにも障害対応の際には、ネットワーク構成図と導入時の試験成績表が必要不可欠です。

実務のポイント　ICMPによる疎通確認

障害対応は、現状復帰が目的です。ここまでに通信事業者網内障害や構内ネットワーク障害について説明しましたが、運用段階に入って一番やっかいなのが、次項で説明するネットワーク品質問題です。これはネットワーク構成図を見ながら、pingコマンドなどを打ち、レスポンス時間を確認するなどして切り分けていくしかありません。必要なのは、何がよいのか、何がダメなのかという基準です。これは当然ながら、他所のネットワークのレスポンスを基準とすることはできません。構築時に試験をした試験成績表と比較することが一番の理想です。
ただし、ネットワークも生き物と同じで、年月が経つにつれて、利用者が増え、ネットワークのトラフィックも増えていくでしょう。当然、レスポンスが悪くなることも予測されます。運用段階に入ってからは、たとえば月次でレスポンス時間を計測するなどしてデータとして取っておき、ネットワーク品質問題が発生したときの判断材料にすることが重要です。この仕事は構築のSEではできない、今、運用・保守をしている人にしかできない仕事です。日々の地道な仕事の積み重ねが、ネットワーク障害の早期原因究明につながるのです。

インタフェースの状態確認

ネットワーク上にある機器の**インタフェースの状態を確認**することが、障害箇所を発見する手がかりとなります。該当するインタフェースでエラーが多発していたり、本来はアップ（有効化）しているはずのインタフェースがダウン（無効化）していたりする場合は、インタフェースもしくはそれに接続されている回線の故障の可能性が高いと考えられます。

ネットワーク品質問題

ネットワーク品質問題とは、エンドユーザーの言葉を借りれば「ネットワークの通信自体はできているが、いつもと何か違う」といったものです。ネットワーク管理者にとって一番やっかいな障害申告内容です。ここまで解説してきた「通信事業者網内障害」「構内ネットワーク障害」と違って、「通信できる／できない」のようにはっきりしていないからです。さらに、「たまに通信できる／たまに通信できない」など不安定要素がからむと、いっそうたちが悪くなります。
IP電話の音声を例に取ると、次のようにさまざまな問題があります。

電話はかかるが…

- 音声が「ぶつぶつ」途切れる
- 音声にノイズが乗って聞き取りづらい
- 音声の遅延が起きる
- エコーが起きる

それ以外にも、次のようなユーザーの主観による事象も増加傾向です。

- ある時間帯の通信が遅い
- 特定の通信だけが遅い
- 今までより遅くなった

しかし現実問題、このような**ネットワークの品質にかかわる障害が大半**です。昨今ではネットワーク機器やサーバーの信頼性やスペックが向上しており、単体としての動作自体は完全になりつつあるからです。そのうえ、オープン化が進んでいるこの時代、ネットワーク機器同士の連携、サーバーやアプリケーションとの連携など、ネットワークシステムを全体として導入するケースが大半となったため、ネットワークシステムの品質にかかわる問題は今後もますます多くなることでしょう。

そこで威力が発揮するのがLANアナライザーです。LANアナライザーは、ネットワークを通過するトラフィックを監視したり、情報収集したりするための装置です。一番の用途は、収集情報を解析し、障害の根本原因を解決することです。

▶▶ LANアナライザーについては5-9節で解説します。

その他の問題

現実には、ここまで挙げた以外にもたくさんの問題があります。誰もがネットワークを使い、ネットワークに依存する現在では、新たな問題も出てきています。

一番頭が痛いのがセキュリティ関連の問題でしょう。たとえば、社内で許可していないPC（個人PCなど）を企業ネットワーク内に無断で接続し、ウイルスをばらまくといったケースです。保守員としても、コンソール端末がウイルスに感染して、お客様のネットワークに感染させるという事態だけは避けなければなりません。万一このような事態となれば、当然お客様の信頼低下につながりますし、今後の自社のビジネスにも影響を及ぼします。他にも、不正アクセスによる機密情報の漏えいもリスクとして考えなくてはなりません。

ネットワークシステムの障害

ざっくりと障害箇所が絞り込めたら、その次の段階として、ネットワークシステムの障害なのか、あるいは装置単体の障害なのかを切り分けます。この流れがセオリーです。

ここでいうネットワークシステムの障害とは、**ネットワーク機器同士の相性や、ネットワークシステム全体設計の問題**のことをいいます。たとえば次のような話は、実際の現場ではよくあるケースです。

- 同じメーカーの製品同士ではネットワーク相互接続ができるのに、他社製品同士だとうまく接続できない
- いろいろ製品を組み合わせてネットワークを構築し、導入当初は問題なく通信できていたのが、半年ぐらい経ったあたりからどうもレスポンスが遅くなった

どちらも個々の製品の問題ではなく、ネットワークシステムの全体設計の問題といえます。ネットワーク機器もサーバーのOSもオープン化された現在、単一のメーカーの機器で構成されているネットワークシステムは稀有です。この手の障害の未然防止は重要です。

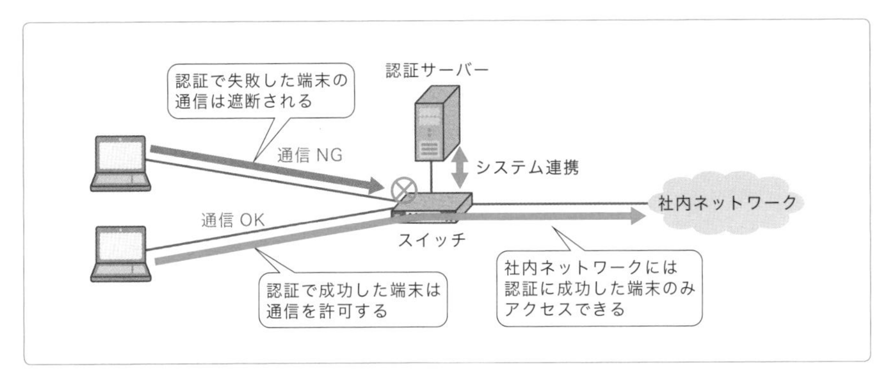

図　ネットワーク機器と認証サーバーの連携
このように装置が連携してサービスを提供する際には相性の問題も起こりうる。

現場のメモ ネットワークシステム導入後のレスポンス

お客様と特にもめるところは、「導入当初は問題なく通信できていたのが、最近どうもレスポンスが遅くなった」というもので、現場でありがちな現象です。

発注側からしてみれば、導入当初にSEがネットワークに通すシステムをエンドユーザーからきちんとヒアリングをして、要件を確認していれば、トラフィックの増大を未然に防げた、と思う方もいるでしょう。

一方で、請け負ったSEからしてみれば、そもそもエンドユーザーが利用する通信要件を当時は決めきれておらず、一方でサービスリリースの期限は決められており、その時点のヒアリング内容でネットワーク設計をして導入に踏み切った、というのはよくある話です。

この話の解決策は、構築段階で要件定義書を正式に発行し、利害関係者で合意をすることです。要件定義書の中にお客様の利用目的、利用する通信は何か、いつから、どれくらいのトラフィックを見込むのかを定義し、その時点でいったん要件を区切ることです。要件になかった通信に関しては、ファイアウォールなどで制限をかけ、不要なトラフィックは遮断します。

その後、運用・保守段階に入ってから、定義された以外の要件が発生した場合は、その都度、通信要件変更として新たに追加や変更を行います。このルールやプロセスを決定するのです。もちろん、ネットワーク上に何のトラフィックが流れているかを監視し、日々のトレースをすることも現場の鉄則です。

5-8 [障害対応] 装置故障の対応

障害切り分け作業の結果、装置単体の障害であることまで絞り込めたら、今度は装置そのものへの対応となります。

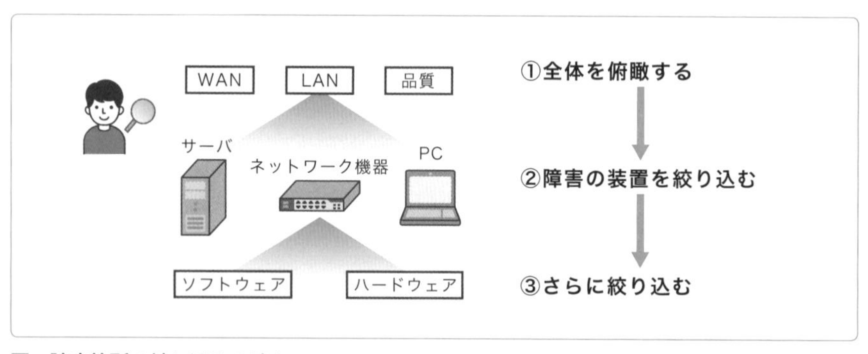

図 障害箇所の絞り込みの流れ

ここで重要な点として、装置単体障害とわかっただけで切り分け作業をやめるのではなく、さらに踏み込む必要があります。装置単体障害も大きく次の2つに分類できるからです。

- ハードウェア障害
- ソフトウェア障害

では、なぜ障害箇所が「ハードウェアなのか」「ソフトウェアなのか」まで判別しなければならないのでしょうか？　エンジニアとして一番注意しなければならないのは、ただ単に装置単体の問題と断定し、機器交換で対処してしまうことです。**確かに機器の交換により障害が復旧することは多いのですが、これでは真の問題解決にはなりません。**障害の原因を特定したうえで対応を行わなければ、障害の要因を取り除けない場合は再発することもありますし、特にソフトウェアの問題（いわゆるバグ）であれば、時間の経過とともに必ず同じ障害が発生するからです。

現場のメモ **「困ったときのリセット」をする前に**

実際の現場で復旧を最優先する場合は、やはりリセットが効果的です。案外これで復旧するのが現実です。しかし、迅速に復旧するのはよいのですが、リセットで簡単に復旧したところで再発の可能性があるわけで、障害の根本的な解決ではありません。
障害復旧手順のセオリーとしては、リセットする前に、まず、リセットによる影響範囲を確認します。そもそもネットワークが使えていない状態であれば、すぐに作業にとりかかれますが、通信ができている場合は、リセットのタイミングをいつにするかはお客様との合意が必要です。
その後に、装置の状態やログ情報などを吸い上げ、その後でリセットを行うようにします。必要な情報を収集せずに装置のリセットを行うと、装置の障害復旧前の貴重な情報が得られず、十分な解析ができなくなってしまいます。障害の根本的な解決のためにも、必ずリセット前の情報収集を心がけましょう。

ハードウェア障害

ネットワーク機器やサーバーにおけるハードウェア障害としては、ファンや電源、ハードディスクの故障が一般的です。この場合、現場で部品を交換し、その場で復旧できます。故障した部品はメーカーで修理することになります。

なお、小型ルータなど、部品自体がモジュール化されておらず装置と一体化している製品の場合は、装置本体そのものを交換します。

以下は、現場でのチェックポイントの一例です。

- ランプの状態（正常時のランプであるか否か）
- ファンが動作しているか（音がするか否か）
- POST（Power On Self Test：ハードウェア診断プログラム）にエラー表示がなく装置が正常に立ち上がるか

もし、以上の点に問題があれば、装置のハードウェアそのものに問題が発生している可能性があります。また、以上の状態確認をスムーズに行うためにも、日ごろから正常時のランプ表示を把握しておくことが必要です。

ハードウェアの問題と目星がついたら、以下のように対処しましょう。

代替機を手配し、交換作業を行う

ハードウェアの交換作業を行うことが決まったら、代替機を手配します。代替機が現地に届いたら、開梱し、装置交換作業を行います。

なお、装置の梱包箱からは、装置はもちろんアクセサリ（備品）も取り出してください。現場で使用しなかった物品（ラックマウントキット、ネジなど）がある場合は、ユーザーへ報告のうえ、現場に保管しておきましょう。

装置を起動する前に

装置交換作業が完了したら、装置を起動する前に最低限、以下の事項を確認してください。

- **電源ケーブルが電源コンセントに接続できる準備が整っていること**
  電源容量や電源コンセントの長さには要注意です。
- **コンソール端末と装置本体がケーブルを介して接続されていること**
  接続しても反応がない場合は、ケーブルのストレート、クロスまたは機器指定ケーブルの誤りの可能性があります。機器指定のコンソールケーブルを再度確認しましょう。
- **端末のターミナルソフトが正しく設定されていること**
  コンソール端末上で反応がない場合や表示に文字化けがある場合は、ターミナルソフトの設定（通信速度など）に誤りがある場合があります。オペレーションを行う機器で指定されている設定を正しく行いましょう。
- **ターミナルソフト上でログを収集するための設定がされていること**
  コンソール端末上で使用するターミナルソフトのログ機能は必ず有効にし、オペレーションを行うのが保守員の鉄則です。

この中でも特に大切なのは、ログ収集の設定です。どんな些細な作業で

も、必ずログを収集するようにしてください。何らかの不具合が生じたときには、このログが復旧のための重要な手がかりとなります。また、メーカーに障害の解析を依頼する際の情報源でもあります。さらには、自分がオペレーションミスを起こしていないことを証明する大事な証拠にもなります。

なお、装置によってはログを収集するための十分なハードウェアがありません。特にネットワーク機器がそうです。装置固有のコマンドを使ってメモリ上のログ情報を閲覧できる程度です。したがって、ログはコンソール端末上のターミナルソフトで収集する必要があります。

▶▶ ターミナルソフトでログを収集する方法は付録で紹介しています。

実務のポイント　安全に作業するための注意事項

作業の安全を確保するため、以下の注意事項は最低限守りましょう。

落下事故防止のため、装置の設置や取り外し作業は複数人で行う

たとえば、19インチラックに装置を搭載する作業などです。特に重量物の場合は要注意です。腰を痛めないよう必ず複数人で作業を実施してください。

装置の筐体を開ける作業をする場合には装置本体の電源を落とす

誤って電源スイッチが入らないよう、電源ケーブルも抜いておきます。

電源ユニットの交換作業をする場合、事前に装置の電源ケーブルを外す

ユニットを交換する際に邪魔にならないように、不要なものは取り外してから作業を行います。また、誤って異なる部品や装置を交換しないようにテープなどで養生をしましょう（写真参照）。

写真　現場の養生の例

作業時は装置本体に引っ掛かるような服、貴金属などを着用しない

静電対策がなされた作業着を着用して作業を行うのが鉄則です。

電源ケーブルのタコ足配線や不安定な床への装置の設置はしない

タコ足配線による火災やケーブルの抜けを防止します。

取り外したモジュールやメモリは、ほこりや静電気のない場所に保管する。静電袋の中が一番よい

次に使用するときのためにも保管には十分気をつけます。

作業は清潔でほこりの少ない環境で行い、作業後もその環境を保つ

モジュールや各種内部メモリ（フラッシュメモリなど）を取り扱う際には、手袋を使用するなどして、電子部品（ICチップ）、基板、コネクタピンなどに直接触れないようにします。また、コネクタピンを折らないように取り扱いには十分注意します。

ソフトウェア障害

ソフトウェア障害とは、ソフトのバグのことです。ネットワーク機器もサーバーも、ハードウェアだけでは動作しません。必ずハードウェア上でソフトウェアが稼動しています。シスコ社製品であれば、IOS（Internetworking Operating System）がそれに該当します。

ソフトウェア障害はその場で直らない

ソフトウェア障害、つまりソフトのバグの場合、その場で即座に復旧とはいきません。修正内容にもよりますが、数週間から長くて数カ月、次のソフトウェアリリースまで待たなければなりません。その間は、装置本体のコンフィグレーションの変更や機器の構成変更などで暫定的な対処（ワークアラウンド）をするのが一般的です。

ワークアラウンドはあくまでも暫定措置です。実運用に対する影響を軽減するための措置にすぎません。最終的には、正式にリリースされたソフトウェアにアップグレード（改修作業ともいいます）して完結となります。

障害の原因がハードかソフトか切り分けられない場合には

現実問題として、ソフトウェアは目に見えないものなので、ハードウェア障害なのかソフトウェア障害なのか、切り分けられないケースがあります。

その場合はメーカーへ解析を依頼しますが、そのためには障害の解析に必要な情報を収集しなくてはなりません。これに必要な情報は状況によって変わりますが、特に以下に示す事項については、障害の状況に関係なく収集するようにしてください。

1) 現場の場所、設置環境
2) 装置の導入年月日
3) 装置名、シリアル番号
4) ソフトウェアのバージョン情報
5) コンフィグレーション情報
6) ネットワーク構成図
7) 現象の再現頻度
8) 障害ログ情報

現場のメモ 障害時の備えが復旧作業の短縮に

上記の1) から6) については、1-4節で解説した構成管理がしっかりしていれば、すぐにメーカーに提出できます。定常運用業務をきちんと地道に行っていれば、有事の際、慌てることがありません。常に一番大事な7)、8) に注力できる状態を維持するのも、ネットワーク運用管理者の重要な役割です。

5-9 [障害対応] ネットワーク機器の保守

基本的な復旧手順

ネットワーク機器を保守する際の復旧手順は、大きく次のようになります。

1) 情報収集し、解析する
2) 業務への影響を抑えるため仮復旧させる
3) 完全復旧させる

1) 情報収集し、解析する

情報収集し、解析する方法は、大きく2つあります。

①ネットワーク機器に格納されているログ情報を収集する
②ネットワーク上を流れるフレーム自体から情報収集する

まずは「ネットワーク機器に格納されているログ情報を収集」します。具体的にはネットワーク機器のメモリ内に格納されているログ情報を解析し、障害原因を特定します。

それでも解析不可能であったり情報不足だったりする場合には、次の「ネットワーク上を流れるフレーム自体から情報収集する」というステップを実施します。

スイッチ上を流れるフレームから情報を収集する方法

ネットワーク上を流れるフレーム自体から情報収集する方法として、LANアナライザー（以降、アナライザーといいます）を用いるケースがあります。そのためにはアナライザーを接続するスイッチ上で、ちょっとした設定が必要です。単にアナライザーをネットワークにつなげばよいというわけではありません。

その機能は一般的にポートミラーリングあるいはポートモニタリングと呼ばれているもので、スイッチに接続したアナライザー（をインストールしたPCなど）へ他のポートのトラフィックをコピーして送信します。このコピーされたトラフィックのフレームを解析することで、スイッチ内の通信状況を調査できます。

スイッチにこうした特別な情報収集手段が必要になるのは、スイッチでは必要最小限のポートにしかトラフィックが流れないからです。

スイッチではなく単なるハブだったら……

では、ネットワーク機器がスイッチでなく、単なるハブ（リピータハブ）だったらどうでしょう。次図のようにリピータハブで接続されたネットワーク環境を考えてみます。

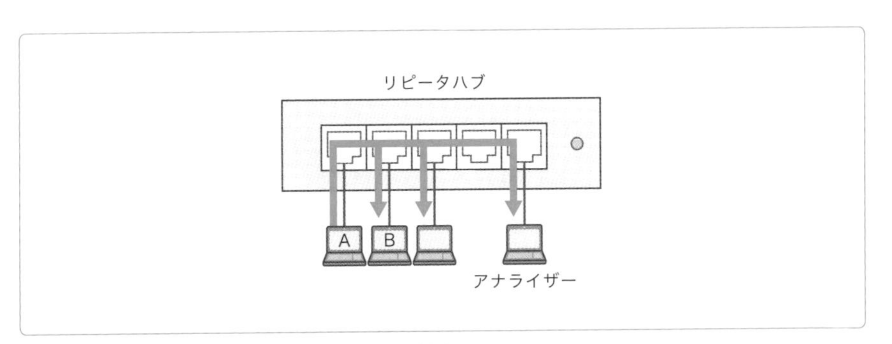

図　アナライザーをリピータハブに接続した場合
リピータハブではすべてのポートにデータが流れるので、どのポートでも通信状況を調査できる。

端末Aから端末Bへ送られたトラフィックをアナライザーでキャプチャする場合、アナライザーはどのポートに接続してもかまいません。リピータハブはいずれのポートで受信したフレームでも、他のすべてのポートにそのまま転送するので、リピータハブのどのポートからも通信状況が見えるからです。つまり、リピータハブを使っているかぎり、前述のポートミラーリングのような特殊な機能は不要でした。

スイッチでは特殊な設定が必要

スイッチの場合はどうでしょう。スイッチは、受信したフレーム内の宛先MACアドレスを調べ、その宛先が接続されているポートにのみフレームを転送します。

次図の場合、端末Aから端末Bへのデータ（ユニキャスト）は、端末Bが接続されているポートにのみ転送されることになります。同じスイッチ内のポート5に接続されているアナライザーにはフレームが転送されません。したがって、このままでは解析すべきフレームがアナライザーからは見えず、スイッチ内の通信状況がわからないことになります。

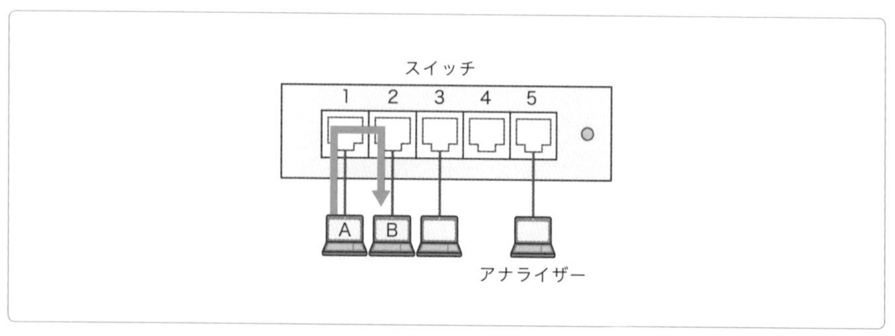

図　アナライザーをスイッチに接続した場合
スイッチでは宛先のポートにしかデータが流れないので、その他のポートでは通信状況を調査できない。

この問題を解決するのが前述のポートミラーリングです。ポートミラーリングは、スイッチ内を流れるトラフィックをコピーし、指定のポートに流します。次図は、ポート1（端末Aが接続されているポート）とポート5（アナライザーが接続されているポート）にポートミラーリングを設定した例です。これによって、ポート1を通るトラフィックがポート5にコピーされるため、アナライザーでフレームを解析できるようになります。

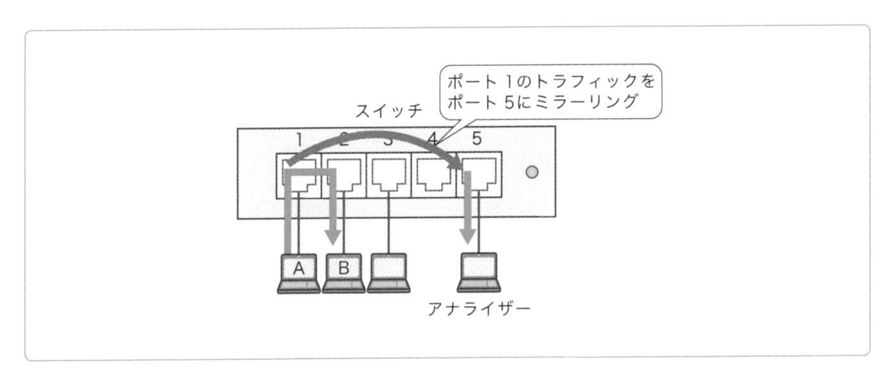

図　ポートミラーリングを設定したスイッチ
ポートミラーリングで指定のポートにデータをコピーすることで、通信状況が調査できるようになる。

2) 業務への影響を抑えるため仮復旧させる

ネットワークにおける仮復旧(暫定復旧、縮退運用ともいいます)とは、完全復旧(元の状態に戻る)とはいかないまでも、**ネットワークが一部でも利用できるようにする**ことです。ユーザーが優先的に復旧したい業務、言い換えると、重要かつ業務上インパクトのあるネットワーク経路を確保します。たとえば、基幹システムやメールなどの実業務の経路は確保し、教育用のWebサーバー向け通信など緊急でない通信は後回しにして復旧に努めるやり方です。

仮復旧は、後述の完全復旧に比べて手順が簡素化され、復旧時間も大幅に短縮されます。ユーザーの影響を考え、**全通信の障害が発生した場合にはまずどの通信を優先的に復旧させるのか検討しておく**ことが、今のネットワーク運用管理において重要です。

ネットワークの運用管理者であるならば、万が一に備え、細かな復旧手順を検討しておかなくてはなりません。また、このようなネットワーク運用の基本方針的なものは、ネットワーク管理者だけでなく、エンドユーザー、情報システム部門、経営層まで利害関係者すべての人が一緒になって検討し、共通認識を持つべき事項です。

3) 完全復旧させる

ネットワークにおける完全復旧とは、ネットワークインフラが元の状態になり、ユーザーがネットワークを従来どおり利用できる状態です。

ネットワークに問題が発生すると、5-7節で解説したように、ネットワークのどの部分に障害が発生したのか、つまり、復旧させるべきネットワーク機器を特定しなくてはなりません。昔はネットワーク機器といえば同一ベンダー製品で固める傾向でしたが、今ではマルチベンダーは当たり前です。どのベンダー製品のネットワーク機器が問題であるのかを突き止めたうえで、該当のネットワーク機器の完全復旧に努めることになります。

どのネットワーク機器に問題があるかまで特定できたら、後はそのネットワーク機器の専門エンジニアによる完全復旧作業となります。しかし、昨今の複雑なネットワーク環境において、どのネットワーク機器に問題が発生しているのか切り分けるのは、そう簡単にはいかないのが実情です。日々ネットワークを運用管理している要員だけでは、とても復旧作業などできません。**ネットワークの導入当初に対応したエンジニアはもちろん、担当SEなど、疑わしきネットワーク機器周辺の関係エンジニア総勢での対応となります。**ネットワークの規模が大きくなれば確認テストも必要となりますし、環境によってはネットワークの完全復旧に半日あるいは1日かかることもあります。

ネットワークを1日止めるのは大問題です。たとえば音声通話であれば、社内での通話であっても内線通話が使用できないので外線通話を利用することになり、膨大な通話費用がかかってしまいます。ビジネスでは海外、遠距離通話を使用しますので、とんでもない請求が来て驚くことでしょう。ネットワークが障害で利用できない間でも、ネットワーク機器のランニングコストはかかります。そのうえ追加費用がかかるのです。

障害発生の際には、多大な労力と費用がかかります。障害後の原因分析や上位への報告など社内の事後作業にも追われます。本章の前半でも触れたように冗長化とその運用設計が重要で、未然防止に力を注ぐべきです。

完全復旧までの大まかな流れ

それでは、完全復旧までの大まかな流れを紹介します。

0) 作業前にしておくべきこと
1) ソフトウェアバージョン合わせ
2) コンフィグレーションの流し込み
3) 監視センターから確認、微調整

0) 作業前にしておくべきこと

復旧作業を行うための大前提として、事前にコンフィグレーションファイルのバックアップを行っておかなければなりません。この作業を行っていない場合は、そもそも復旧作業が開始できません。つまり、この作業は3-1節で解説したように、定常運用で維持されていなくてはなりません。

コンフィグレーションファイルは外部記憶媒体で保管されるのが鉄則です。

▶▶ バックアップの運用方法も含め、5-10節で詳しく解説します。

1) ソフトウェアバージョン合わせ

故障などでネットワーク機器本体を交換するときは、まず、ネットワーク機器のソフトウェアバージョンを交換前の装置と同じものにします。そのためには、バックアップとして保管していたイメージファイル(シスコ社製品であればIOSのイメージファイル)をネットワーク機器へインストールします。これは、現地で慌ただしく行うよりも、事前作業が理想です。

ネットワーク機器のソフトウェアバージョンは、最新ではなく、**あえて交換作業前の装置と同じにします。**理由は、導入したネットワークで実績がある、つまり、今まで正常稼動していたという事実があるからです。ソフトウェアバージョンは新しければ新しいほど良いと思いがちですが、新しいバージョンが実際に今運用しているネットワークで正常稼動する保証はありません。また、従来のソフトウェアバージョンとは異なるバージョン同士の通信となるため、実際には検証作業が必要です。

ネットワーク導入時は一斉にネットワーク機器を手配し、作業をするので、ネットワーク機器のソフトウェアバージョンは統一されています。しかし、その後ネットワーク機器が増設になった際、どうしてもネットワーク機器のソフトウェアバージョンに「古い」「新しい」のずれが生じます。

代替機器のソフトウェアバージョンが「古い」場合

代替機器のソフトウェアバージョンが「古い」場合には、バージョンアップ作業を行い、他の装置と同じバージョンに統一する必要があります。この作業で、以前と同じネットワーク環境に戻ることになります。実際の現場では一番多いケースです。

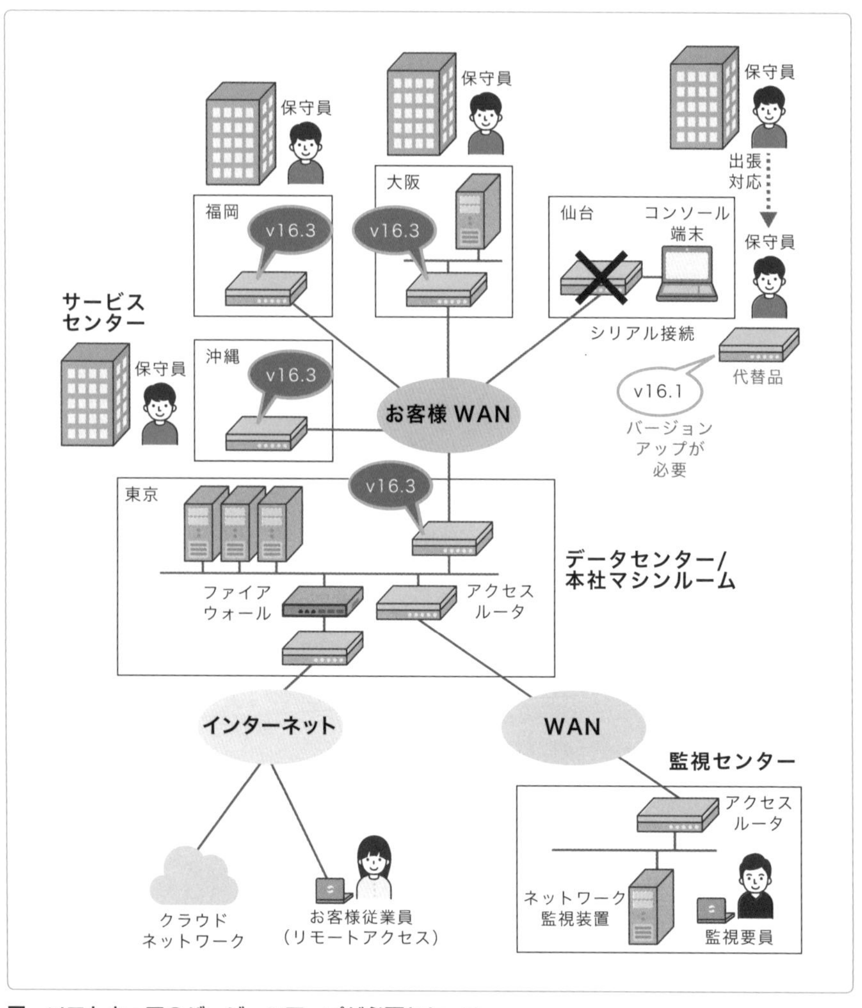

図　ソフトウェアのバージョンアップが必要なケース

たとえば前図のように、ネットワーク機器（図の例の場合はルータ）のソフトウェアバージョンが16.3で運用されていたとします。ルータが故障して交換作業をすることになり、その代替品のソフトウェアバージョンが16.1だったケースです。代替機器のソフトウェアバージョンが他の装置より「古い」ので、バージョンアップ作業をしなくてはなりません。

代替機器のソフトウェアバージョンが「新しい」場合

代替機器のソフトウェアバージョンが他のネットワーク機器よりも「新しい」場合も、実際の現場ではよくあります。ネットワーク機器を導入して2～3年も経過すると、世の中に浸透しているソフトウェアバージョンが上がり、このようなケースが生じます。

代替機器のソフトウェアバージョンが「新しい」場合には、ネットワーク全体のバージョンを統一するために、今度は逆にバージョンダウンをするのが鉄則です。

しかし、いつでもバージョンダウンするとは限りません。ここでも2通りの選択肢があります。

①代替品（交換品）のネットワーク機器をバージョンダウンする
②既存のネットワーク機器をすべてバージョンアップさせる

①代替品（交換品）のネットワーク機器をバージョンダウンする

代替機器のソフトウェアバージョンが「新しい」場合の対応としては、一番よくあるケースです。該当の装置のみソフトウェアのバージョンダウン作業を行い、他の装置と同じバージョンに統一します。これで以前と同じネットワーク環境に戻ることになります。

これは単に「代替機器のソフトウェアバージョンが古い」ときの対処を逆にしたものです。作業内容も、古いソフトウェアバージョンのイメージファイルを用意するだけで、手順はバージョンアップのときと同じです。

注意点： いずれはバージョンアップが必要

このようなバージョンダウンの作業は、あくまでも暫定的な対処と考えてください。古いソフトウェアバージョンにも限界はあります。セキュリティ面で不安が残りますし、ソフトウェアのバグなど対処しきれていないものが当然あるわけです。理想は、次に解説する「既存のネットワーク機器をすべてバージョンアップさせる」です。
いずれはソフトウェアを最新のものにバージョンアップさせるという考えのもと、作業を実施するよう心がけるのが鉄則です。

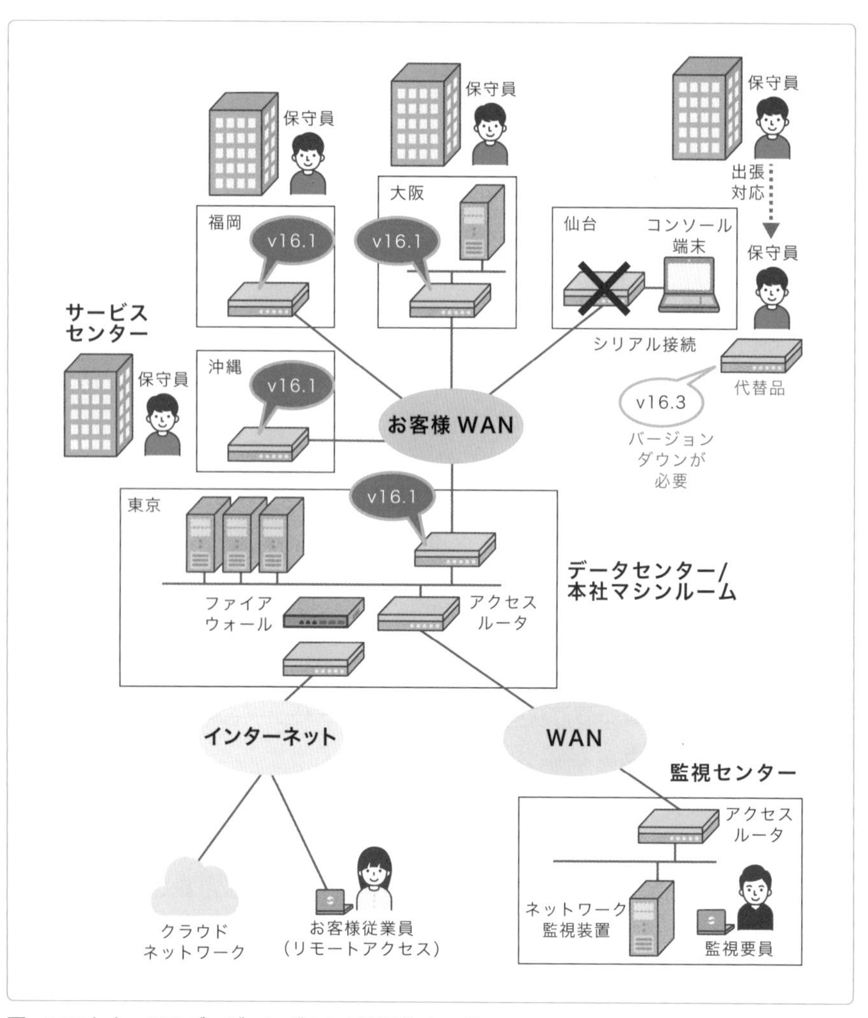

図　ソフトウェアのバージョンダウンが必要なケース

②既存のネットワーク機器をすべてバージョンアップさせる

既存のネットワーク機器すべてを代替品と同じソフトウェアバージョンにアップさせるという考え方です。この方法は、既存のネットワーク機器の台数が多ければ多いほど大掛かりな作業となります。100台あれば、100台分のバージョンアップを行う必要があります。当然、作業時間もかかりますし、その間は通信もできません。実際の現場ではあまりこういうケースはないでしょう。しかし、以下のケースの場合は、既存のネットワーク機器をすべてバージョンアップすることを検討します。

- 大規模なネットワーク更改作業がある
- 既存ネットワークのソフトウェアバージョンに致命的なバグが見つかった
- 既存ネットワーク機器の導入台数が2～3台であり、作業の負担が軽い

具体的な実施方法としては、代替のネットワーク機器の交換作業を先に済ませ、後日、それ以外のネットワーク機器のバージョンアップ作業を行います。大規模ネットワークでは該当する台数も多くなりますので、綿密な計画立案が必要だからです。

一番オーソドックスなやり方は、トライアルで一部の地域のみ行い、その後、すべての地域に対して展開する方法です。たとえば、ネットワーク規模が小さなリモート拠点で行い、動作に問題がなければ全国展開するといったやり方です。万が一、トライアル対象の地域において不具合が生じても、影響も少なく、新しいソフトウェアバージョンの導入を見送るという判断を下すことができます。

既存ネットワーク機器が2～3台の小規模ネットワークの場合は、代替のネットワーク機器の交換作業の際に一斉にバージョンアップを行うのがよいでしょう。

ソフトウェアバージョンアップ（ダウン）作業の事前準備

ネットワーク機器のソフトウェアバージョンを同一に保つことがネットワーク運用管理の鉄則であることは、ご理解いただけたと思います。では、

実際にソフトウェアバージョンアップ（ダウン）作業を行う際の事前準備について解説します。

一般的にネットワーク機器のソフトウェアをバージョンアップ（ダウン）するには、以下のものが必要です。

- TFTP（ネットワーク機器によってはFTPの場合もあり得る）サーバーがインストールされたコンソール端末
- バージョンアップ／ダウン用ソフトウェアイメージファイル
- UTPケーブル
- 作業手順書（切り替え手順書）、作業体制図、緊急連絡先

上記が定番です。どのネットワーク機器にも共通していますので、エンジニアだけでなく営業や管理職の方もぜひ覚えておいてください。

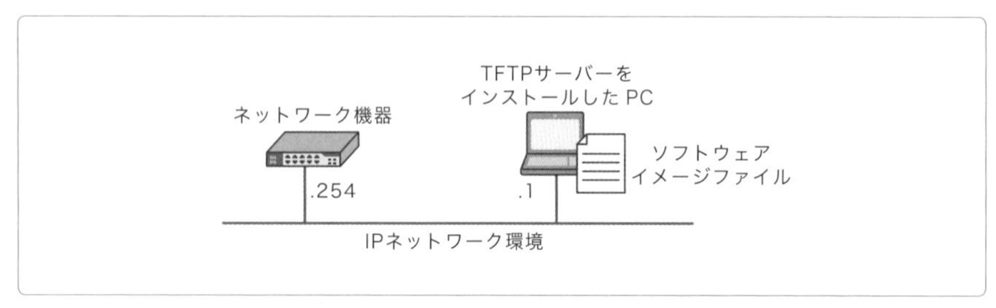

図　ソフトウェアのバージョンアップ（ダウン）を実施するための環境

2）コンフィグレーションの流し込み

故障などでネットワーク機器本体を交換するときは、**ネットワーク機器の設定を以前と同じものに復元**しなければなりません。そのためには、バックアップファイルとして保管していたコンフィグレーションファイルをネットワーク機器へリストア（復元）します。この作業は、現場に行く前に事前に行っておくのが理想です。リストアを済ませてから、現地に保守員と装置が一緒に入局して、交換作業を行います。

この作業を実施することで、WANとのインタフェースであるIPアドレスが設定され、監視センターからログインできるようになります。

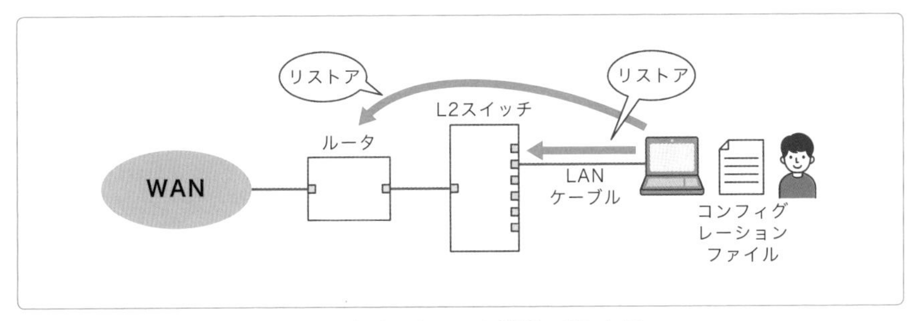

図　コンフィグレーションファイルをネットワーク機器へリストア

リストアに必要なもの

現場でコンフィグレーションファイルのリストアを実施するにあたり、必要なものは以下のとおりです。

- ターミナルソフトがインストールされたコンソール端末
- コンソールケーブル（シリアルケーブル）
- D-sub9pin⇔USB変換ケーブル（PC端末にCOMポートがない場合）
- UTPケーブル
- コンフィグレーションシート（設定指示書）
- コンフィグレーションファイル
- ソフトウェアイメージファイル（バージョンが異なる場合のみ必要）

なお、ここでは一般的に必要となるものだけを示しました。現場の環境に応じて、他に必要なものを持参することになります。また、以降で紹介する手順も、ネットワーク機器のOS（シスコ社製品ではIOS）のバージョンや種類、プラットフォームなどによって異なる場合があります。

現場のメモ **ネットワーク機器のソフトウェアバージョン管理**

障害時にネットワーク機器のバージョンを確認するようでは、復旧作業時間のロスが生じます。常に、1-4節の機器管理表などで確認できる状態にしておくのが現場の鉄則です。

3)監視センターから確認、微調整

現場での装置の交換作業が終了すると、以降は監視センターから該当の装置(交換が完了した装置)の設定確認やネットワーク全体の正常性確認作業を行います。

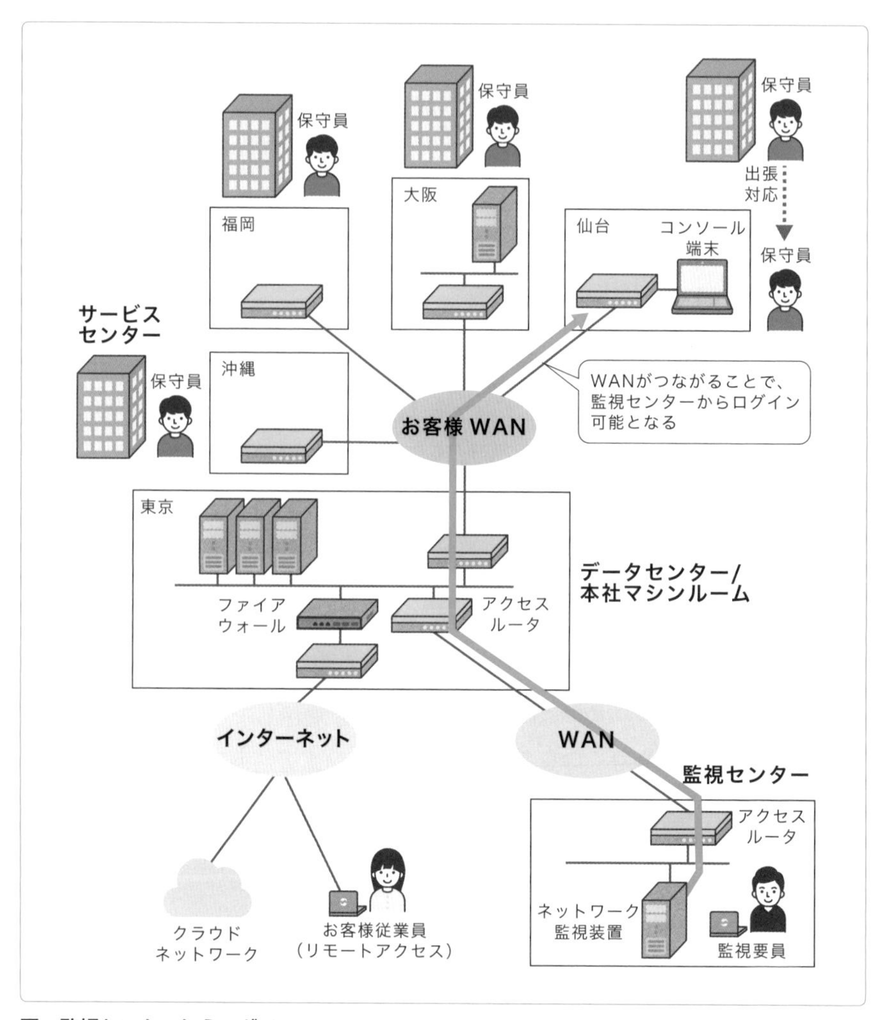

図　監視センターからログイン

この作業のための前提は、現場で該当のネットワーク機器の交換作業が完

了していること、WANを介して監視センターからそのネットワーク機器にログインできることです。

通常、現場での作業が完了すると、監視センターにいるエンジニアに対して現地作業完了の旨を連絡します。監視センターにいるエンジニアは、遠隔から現地交換済みのネットワーク機器に対してコンフィグレーションが正しくインストールされたか確認します。もし設定などに間違いがあれば、修正を行います。

5-10 保守に必要なバックアップの考え方

何をバックアップするのか

万が一の障害発生に備えてバックアップデータが必要であることは、サーバーもネットワーク機器も同じです。復旧作業に備え、ネットワーク機器を保守するうえで具体的に何をバックアップしなくてはならないのか解説します。

必ずバックアップしておかなくてはならないのが、次の2つです。

- ソフトウェアイメージファイル
- コンフィグレーションファイル

また、ネットワーク機器本体における2つのファイルの位置付けは次図のとおりです。

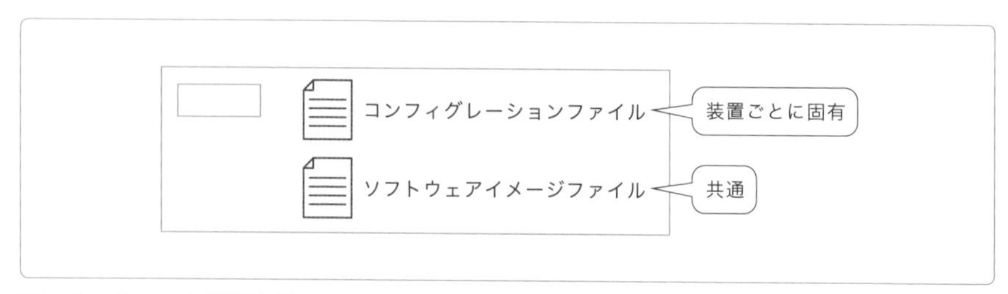

図　ネットワーク機器本体における2つのファイルの位置付け

ソフトウェアイメージファイル

ソフトウェアイメージファイルは、ネットワーク機器のOSに相当します。これなしにはネットワーク機器は稼動しません。**導入後は必ずソフトウェアイメージファイルのバックアップが必要です。**読者の皆さんにもお馴染みの

OSであるWindowsやLinuxのようなものがネットワーク機器にも搭載されていると考えてください。

ここでいうソフトウェアイメージファイルとしては、ネットワーク機器の最大手であるシスコ社のIOSが有名です。IOSは、シスコ社製のルータやスイッチに組み込まれた制御用OSです。シスコ社製のルータやスイッチは、機能の多くをソフトウェアによって実現しており、OSを入れ替えることでTCP/IPに関する機能はもちろん、ファイアウォール機能などを追加できます。

知っておきたいソフトウェアイメージファイルの取り扱い

ソフトウェアイメージファイルは基本的に有償です。たとえば、あるネットワーク機器を導入済みの企業がネットワーク機器の購入元（販売店）と保守契約を締結していない場合、ソフトウェアイメージファイルはネットワーク機器の購入元から、そのつど有償で入手することになります。つまり、ネットワーク機器のソフトウェアを最新のものに更新したい場合は、費用を支払って購入することになります。

保守契約をしていれば、無償で入手できます。ただし、その場合も、ソフトウェアイメージファイルを提供する側（ネットワーク機器の販売店やベンダー）は、あくまで「無償で配布する」にとどまります。つまり、**ソフトウェアイメージファイルをインストールするのはお客様側である**という点に注意してください。もちろん、ユーザー企業側から販売店側に依頼してソフトウェアイメージファイルのインストール作業をしてもらうこともできますが、その費用は通常は保守契約に含まれていません。つまり、別途費用がかかります。

以上のことは営業、管理職の人を含め、絶対に知っておいてほしい内容です。

ソフトウェアイメージファイル（OS）の取り扱い

- ソフトウェアイメージファイルは、保守契約さえしていれば無償で入手可能
- インストール作業はお客様側の範疇であり、販売店のエンジニアが作業する場合は有償

実際問題、これらの内容は契約書に明記してあるものの、お客様と運用・保守会社との間で「作業を本来行うべきなのは誰か」という点において双方の理解不足が多いのが現状です。日本のIT社会では、物（ハードウェア）に対しての取り扱いはルールが浸透していますが、目に見えにくいソフトウェアの部分になるとあいまいな点が多いという実情があります。いくら契約書に明記してあるといっても、日本で立場が強いのは発注元であるお客様側です。「エンジニア費用が無償で対応することになった」など、現場ではよく耳にする問題です。このことはネットワーク機器の納入先であるお客様と提供側の双方の溝を埋めるためにも、**必ずお客様に説明するよう心がけ、認識を深めるのがよいでしょう。**

現場のメモ　運用設計書はコミュニケーションのツール

ネットワーク機器の導入後、運用段階に入ると、今まで見えていなかった懸念が顕在化します。そこで生じるのが運用スコープの広がりです。運用設計書にきちんと対象範囲や業務の内容を明記し、お客様と提供側の双方の溝を埋めることも日々の活動として重要です。お客様には丁寧に誠実に説明するよう心がけましょう。運用設計書は記載したら終わりではありません。不備があれば是正し、改版してより実態に合わせる必要があります。お客様とのコミュニケーションツールとしても役立てましょう。

ソフトウェアイメージファイルの入手方法

ソフトウェアイメージファイルは、一般企業ユーザーであれば、ネットワーク機器の販売代理店経由で手に入れることになります。

他方、ネットワーク機器の販売代理店であるシステムインテグレーターやベンダーなどは、各ネットワーク機器ベンダーのWebページからダウンロードできます。

コンフィグレーションファイル

コンフィグレーションファイルは、個々の場所に設置される**それぞれのネットワーク機器ごとに異なります。**つまり、それぞれコンフィグレーションファイルを管理することになります。100台のネットワーク機器が存在していれば、100ファイル存在するわけです。

コンフィグレーションファイルは非常に重要なファイルです。お客様のIPアドレス、機器のパスワード、インタフェース情報など、ネットワークが安定稼動するうえで非常に重要な情報が入っているからです。問題は、ソフトウェアイメージファイルも含めたコンフィグレーションファイルのバックアップ運用方法です。

- いつバックアップするのか
- どこにバックアップするのか

という点を中心に、次項で解説していきます。

いつバックアップするのか

実際の現場では、どのタイミングでバックアップをするのでしょうか？　タイミング的には、ネットワーク機器の導入作業終了後と機器構成の変更作業後、すぐ実施するのが重要です。また、ここでいうバックアップの対象は、ソフトウェアイメージファイルとコンフィグレーションファイルです。

導入作業後

最初のバックアップのタイミングは、ネットワーク機器の導入作業が完了した時点です。その際、ソフトウェアイメージファイル、コンフィグレーションファイルともにバックアップを取ります。そのバックアップの情報は、お客様と以後ネットワークの運用・保守を行う担当者へ引き継がれます。

機器構成変更後

もう1つのタイミングは、ネットワーク機器の機器構成変更後です。導入作業が完了し、安定稼動していたとしても、ユーザー数の増大やネットワークの増設作業など、ネットワークは日々変化していきます。当然、そのつどネットワーク機器の設定変更作業が生じます。

その際バックアップするファイルは、通常、コンフィグレーションファイルだけとなります。設定変更作業にソフトウェアイメージファイルの変更は発生しないからです。そのバックアップの収集作業は、大規模な変更作業であればネットワーク設計・構築部隊が行いますので、そのメンバーが行います。軽微な変更作業であれば、運用・保守者が行います。

ただし、ネットワークの機能拡張でソフトウェアイメージファイルの更新作業をした場合は、「導入作業後」と同様に、ソフトウェアイメージファイル、コンフィグレーションファイルともにバックアップを取ります。

どこにバックアップするのか

ネットワーク機器全体のバックアップデータをどこに保管し、一元管理するべきでしょうか？　ネットワーク監視装置もしくはファイルサーバーで管理するのが鉄則です。

そして、現場での復旧作業時のみ、コンソール端末内のハードディスクに一時的に保存し、ネットワーク機器へリストア作業を行います。

現場のメモ　外部記憶媒体に保管するのが鉄則

ソフトウェアイメージファイルにせよコンフィグレーションファイルにせよ、ネットワーク機器以外の外部記憶媒体に保管しておくのが大原則です。外部記憶媒体としては、ネットワーク上の機器全体のことも考慮し、ネットワーク監視装置、もしくはファイルサーバーへの保管が最も有効です。

個人が持ち出せてしまうので、USBメモリやコンソール端末内のハードディスクに保管するのは禁止すべきです。より多くのネットワーク機器のバックアップデータを一元的に管理するには不向きですし、コンフィグレーションファイルのデグレード（古いファイルを設定してしまうヒューマンエラー）やセキュリティ面においても不安が残ります。管理の属人化にもつながります。

5-11 [運用設計] パケットキャプチャの工夫

昨今の企業ネットワークでは、アプリケーションが使用するプロトコルも複雑化しています。ネットワーク自体もルータ、スイッチ、サーバーという単純な時代から、さまざまなアプライアンス製品が登場し、ネットワークエンジニアが習得すべき技術も高度化する一方です。このような環境下で、パケットキャプチャはネットワークエンジニアにとって習得しておかなくてはならない技術となっています。

現場でパケットキャプチャを行う際の作業の流れは、以下のとおりです。

1) オフィスからLANアナライザーを持ち出し、現場まで運ぶ
2) スイッチとLANアナライザーの間をケーブルで接続する
3) スイッチにミラーリングの設定を追加する
4) LANアナライザーを使って現場で情報を収集する。事象の再発性が高い場合は待機する

物理的な作業が多く、時間と労力、根気を要するものです。加えて、ネットワーク環境の拡大に伴い、物理接続するのも大変になってきています。

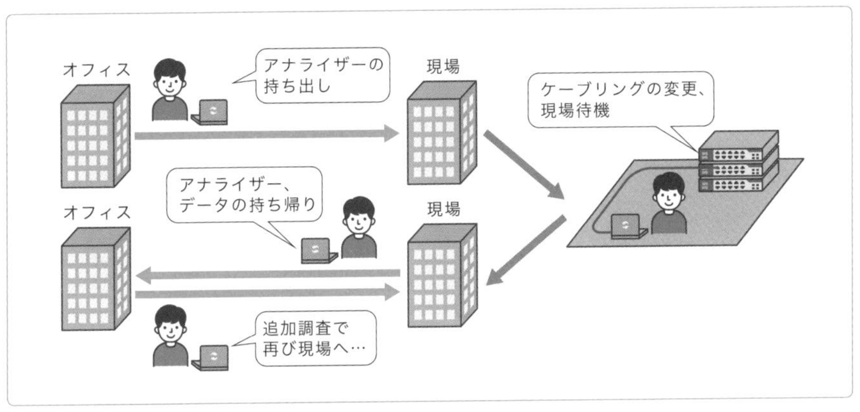

図　パケットキャプチャでは物理的な作業が多いのが課題

この課題に対し、昨今の現場で導入が進められている機器として、L1（物理層）スイッチがあります。L1スイッチは**ソフトウェア制御によりスイッチ内部の物理回線経路を接続、切断、経路変更できる**ものです。これを利用し、複数のL2スイッチのモニターポートの出力をまとめてLANアナライザーに流し込んだり、リモートからパケットキャプチャを可能としたりする方法が現場で進められています。

L1スイッチを使う

5-9節で紹介したように、リピータハブはあるポートで受信したフレームのコピーを、他のすべてのポートに流します。この動作は必要のない端末にまでフレームを送ってしまうという問題があり、ネットワークのトラフィックが増大の一途をたどるにつれて、リピータハブはネットワークの世界から疎外された存在となっていました。しかし、リピータハブの持っていた特性は、ネットワークインフラの根幹としてではなく、メンテナンスという限定した領域の中で復活を遂げようとしています。つまり、あるポートで受信したフレームのコピーを指定したポートに流せるようにして、パケットキャプチャの作業を効率的に行えるようにしようという考えです。そのための装置がL1スイッチです。

ただし、L1スイッチは昔ながらのリピータハブではありません。物理的な結線をソフトウェア制御で切り替えることができ、リモートからコマンドラインでアクセスすることが可能です。つまり、リモートでパッチパネルに対しケーブルの抜き差しができるようなイメージです。これにより、必要最小限の物理接続で信号の流れをコントロールすることができます。

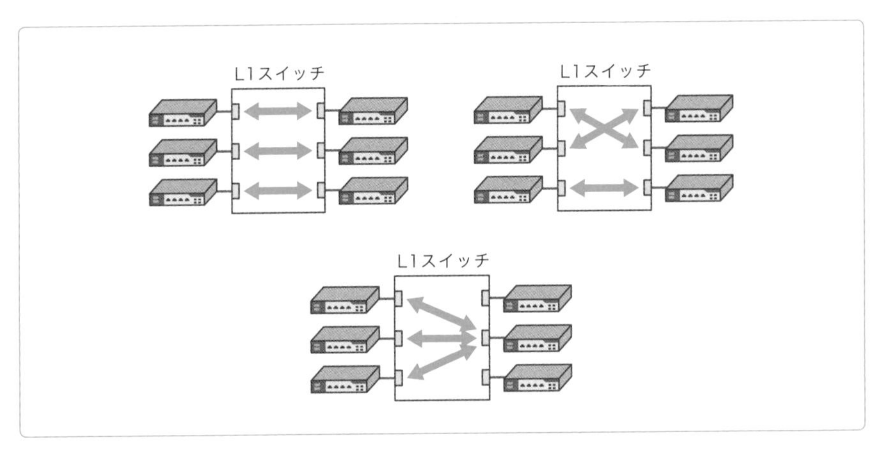

図　L1スイッチ

パッチパネルのケーブルをつなぎ換えるように、設定変更で信号の送受信先を切り替えることができる。

L1スイッチの主な利用シーンは、パケットキャプチャあるいは通信の監視です。パケットキャプチャでの利用方法は、L2スイッチのモニターポートからくる信号をL1スイッチで切り替えLANアナライザーに渡します。

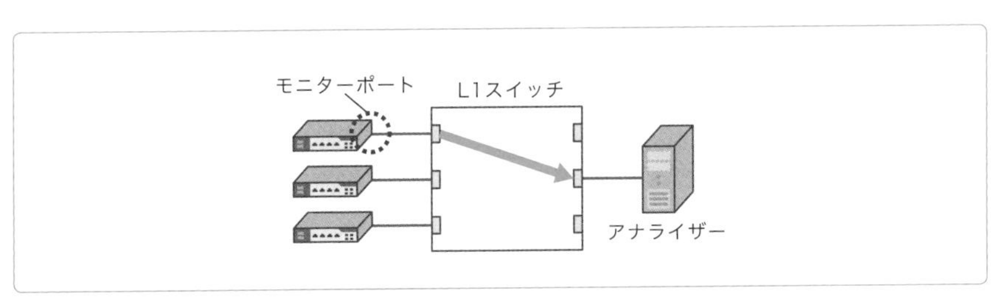

図　L1スイッチを利用したパケットキャプチャ

通信の監視での利用方法としては、物理回線経路を多対1に切り替え、複数のポートからのトラフィックを1つのポートに集約してIDS（侵入検知システム）に出力します。

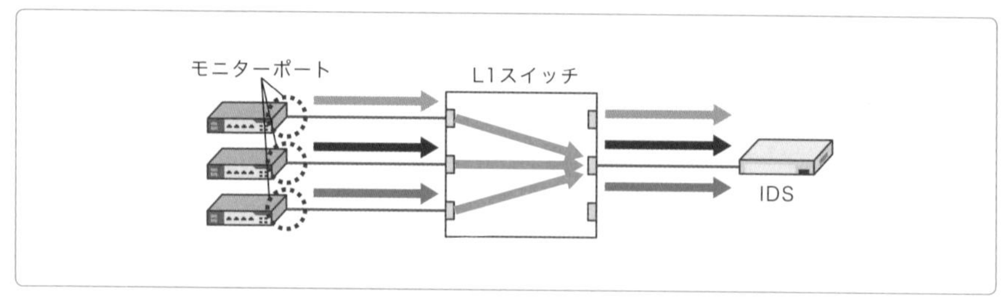

図 L1スイッチを利用した通信の監視

ミラーした信号を集約し、IDSの接続されたポートに流す

現場のメモ L1スイッチを使ったトラフィックの交通整理

L1スイッチの中にはフィルタリング機能を備えたものがあります。フィルタリング機能を使うと、分析が必要な特定IPからの通信だけをLANアナライザーに送ることが可能です。また、TCP 80番ポートの通信だけをWAF（Web Application Firewall）に送るといったこともできます。これによって、本来必要な監視・分析処理にリソースを集中することができます。このようなネットワークトラフィックの交通整理が、有事の際の原因究明に役立ちます。

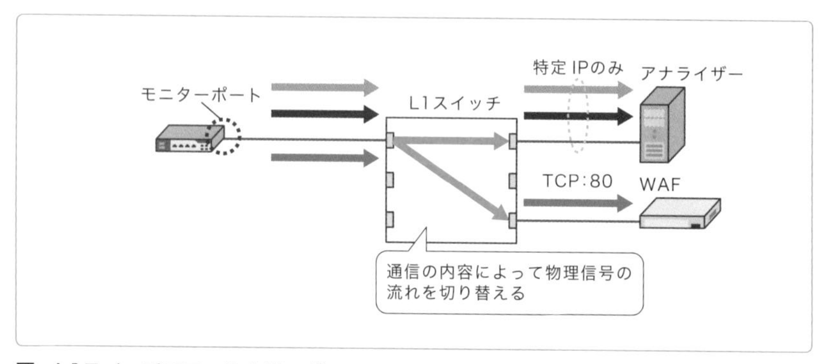

図 L1スイッチでフィルタリング

キャプチャネットワークの構築

さて、パケットキャプチャのたびに発生するケーブリングの変更、人と部材の移動、これらをすべてリモートでできるようにしてしまいましょう。新

たに導入する装置は、１台のL1スイッチと、１台のLANアナライザーのみです。

まず、L1スイッチとLANアナライザーをマシンルームに設置します。その後、すべてのL2スイッチとLANアナライザーをL1スイッチに接続します。そしてネットワーク管理者がいる運用監視ルームからリモートアクセス可能な環境に接続します。

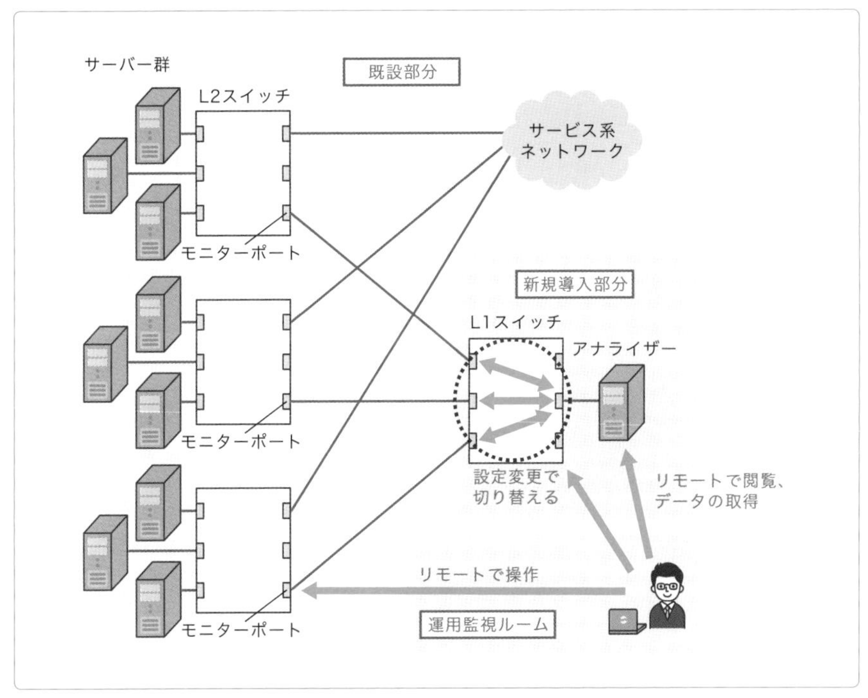

図　キャプチャネットワークの構築

これで準備は整いました、L2スイッチのキャプチャ対象のポートが決まれば、次の要領でパケットキャプチャが開始可能です。

L2スイッチ上でキャプチャ対象ポートをモニターのSourceにします。次に、L1スイッチに接続されたポートをDestinationに指定します。

L1スイッチでは、対象のL2スイッチが接続されたポートの信号が、LANアナライザーが接続されたポートに流れます。ネットワーク管理者は、

LANアナライザーにリモート接続し、キャプチャを開始します。これで、思い立ったらすぐ、かつ簡単にパケットキャプチャを開始することができます。

このような環境が1拠点あたり1セットあれば、ネットワーク管理者はわざわざマシンルームに入室せずにパケットキャプチャとその解析を完了することが可能になります。

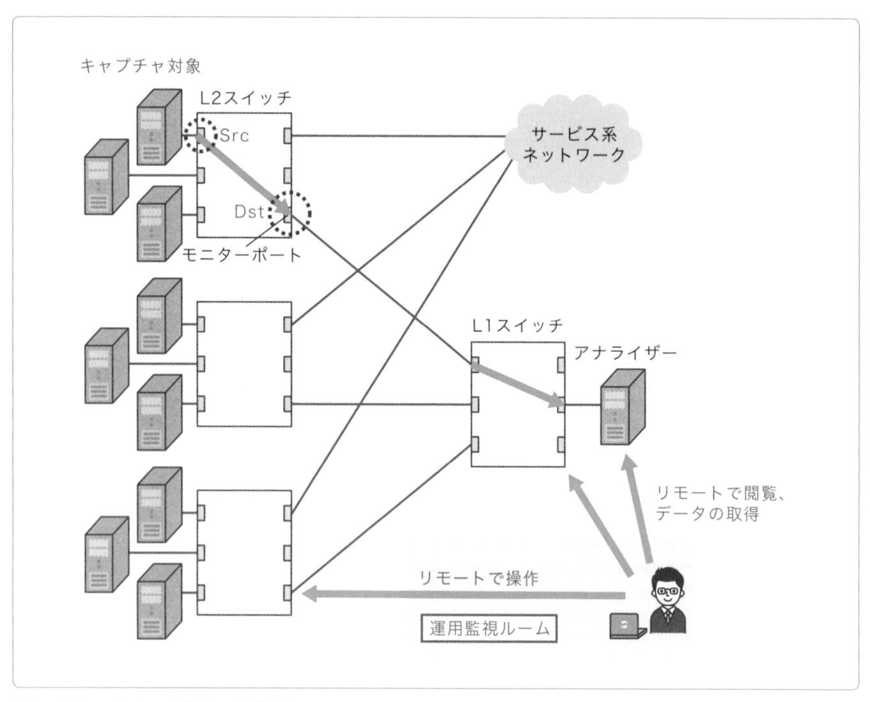

図　パケットキャプチャの実行

このように、L1スイッチにLANアナライザーやIDSなど必要なすべての接続をいったん集約してしまえば、その後の必要な接続構成はソフトウェアで制御・管理できます。パケットキャプチャは現象が発生したそのときが勝負です。機器の目の前に駆けつけるといった時間をなくすことで、より効果的な運用管理が可能になります。

5-12 [運用設計] 標的型攻撃対策

標的型攻撃とは

標的型攻撃とは、従来の既知の脆弱性を突いた攻撃やDoS (Denial of Service) 攻撃と違い、明確な目的を持って行われるサイバー攻撃です。特定の個人や組織に対して、企業情報や金銭の不正取得、あるいは妨害などを目的とし、感染していることに気がつかない巧妙な攻撃を仕掛けます。

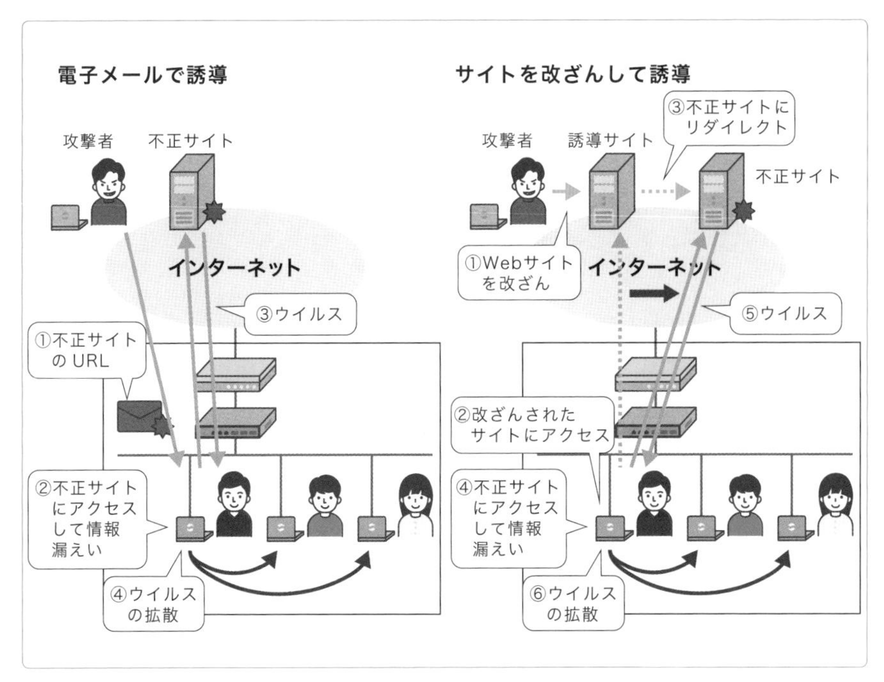

図　標的型攻撃とは

たとえば、特定のターゲット (以降、標的といいます) に対して電子メールを送付し、利害関係者からの文章と信じこませるような文面でURLを開かせて、不正サーバーにアクセスさせることで、端末をウイルスに感染させます。または、標的が利用するWebサイトを不正に改ざんし、不正なサイトに誘導することで、端末の脆弱性を突いてデータを抜き取ったりします。ウイルスに感染した端末は、個人情報や機密情報の漏えいのほか、ネットワーク上の他の端末へ感染を蔓延させたり、その端末を踏み台にした不正行為が行われたりします。

運用管理としての今後のセキュリティ対策

従来のセキュリティ対策では、既知の脆弱性を突く攻撃や、既知のマルウェアは防げますが、未知の脆弱性を突く攻撃や、未知のマルウェアは、すり抜けて組織内ネットワークに侵入するというリスクが残ります。特に標的型攻撃メールについては、メール自体は通常と何ら変わらないので、ファイアウォール、IDS/IPS、プロキシゲートウェイなどのネットワークセキュリティ装置を導入しても、それをすり抜けて内部に侵入してきます。

悪意ある攻撃は、標的とした企業・組織の従業員に対して巧妙な攻撃を仕掛けており、従来の対策では対応できなくなっています。

そこで、新たな対策のひとつとして、**標的型攻撃対策アプライアンス**があります。標的型攻撃対策アプライアンスは、標的型攻撃メールや未知の脆弱性を突いた攻撃やマルウェアに対応しています。

標的型攻撃対策アプライアンスは、従来のようなパターンファイルだけでなく、アプライアンス内の仮想環境実行エンジンでの解析により、未知の脆弱性を突いた攻撃およびマルウェアを検出します。また、攻撃者と感染端末との通信に対しては、お客様宅内に設置された標的型攻撃対策アプライアンスとクラウド上の「悪意あるサーバーの情報」が連動することにより、未知の脅威を検知することができます。クラウド上の「悪意あるサーバーの情報」は全世界の標的型攻撃対策アプライアンス製品から生成・収集され、その情報により脅威を検知することができます。

ただ、導入コストと維持運用するコストがかかります。セキュリティ対策は、最優先事項であるものの、費用とのバランスも考えなくてはなりません。予算の策定にあたり、今回の対策はどこまでやるのか、どこからは残存リスクとして次年度に回すのか、運用としての見解を出すのも運用管理の仕事といえます。

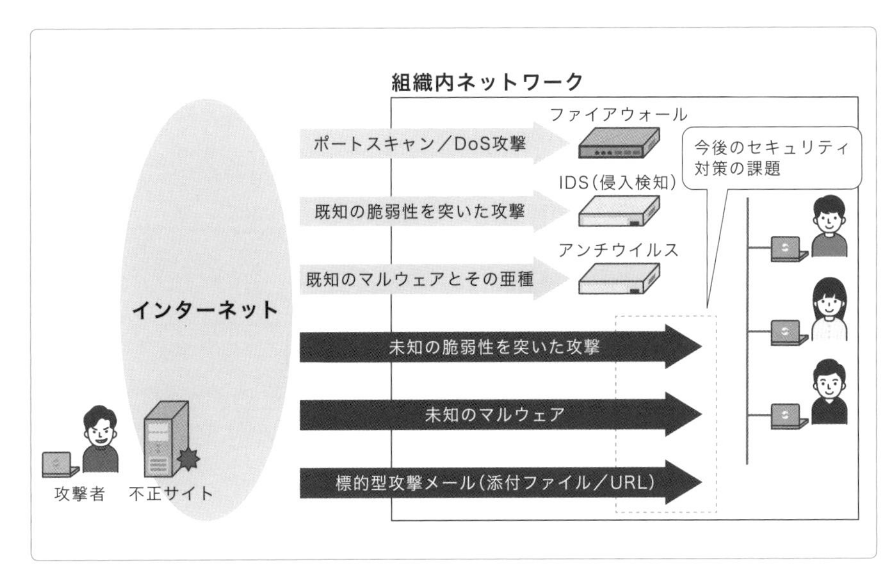

図　今後のセキュリティ対策

標的型攻撃対策アプライアンスの設置方法

標的型攻撃対策アプライアンスは、ネットワークの形態に応じて、タップモードとインラインモードという2つの導入形態から選択することが可能です。

- タップモード
- インラインモード

タップモードは、Webクライアントからプロキシサーバーに流れるWeb通信をコピーし、標的型攻撃対策アプライアンスで通信を解析します。スイッチのミラーポートからパケットをキャプチャし、すべてのトラフィックを分析します。既存ネットワーク構成への影響が少なく、現場で一番よく用いられる導入方法です。

他方、インラインモードはネットワークのインラインに標的型攻撃対策アプライアンスを設置し、流れてくるトラフィックを直接監視します。

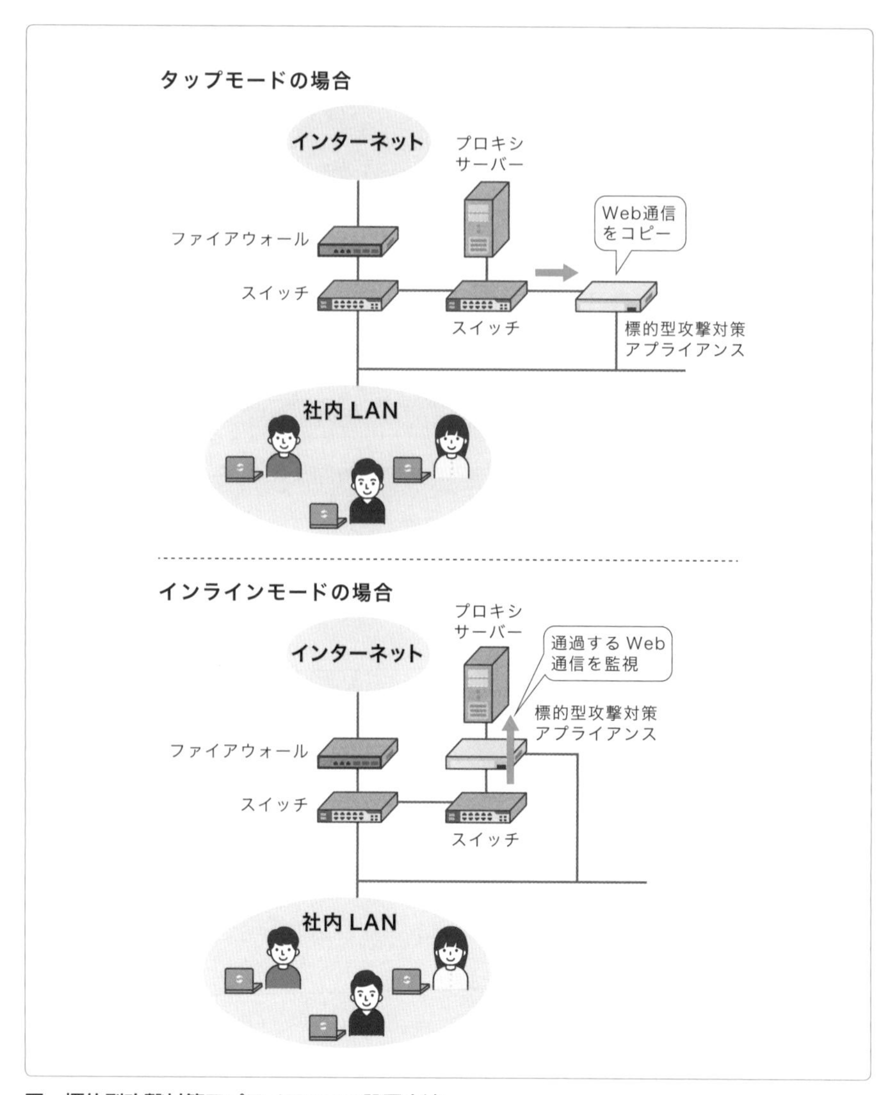

図　標的型攻撃対策アプライアンスの設置方法

また、運用管理者が運用状況を確認するときは、標的型攻撃対策アプライアンスの管理ポート経由でログインします。本書でこれまで解説したように、業務用通信を避けるのが現場の鉄則です。

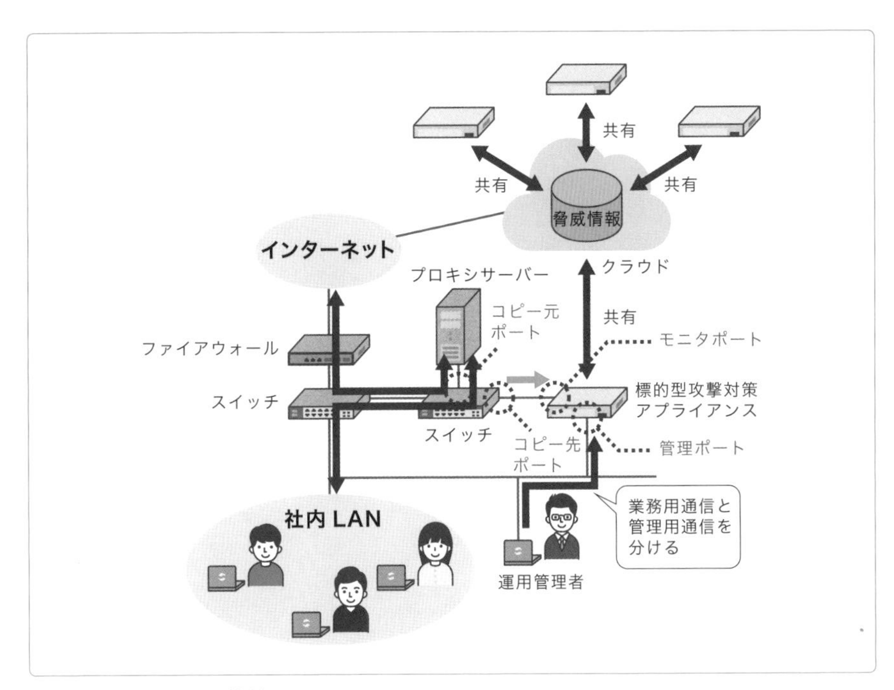

図　運用管理者からの接続ルート

付録

A-1　クラウドサービスを踏まえた運用・保守

A-2　Tera Termでの作業ログ収集方法

A-1 クラウドサービスを踏まえた運用・保守

昨今では企業におけるクラウドサービスの利用が本格化しています。

クラウドサービスは、一言でいうと「ネットワークを通じてサービス事業者側が用意しているICTリソースを利用できるサービス」です。具体的には、サーバー、ストレージ、データベース、アプリケーションなど、**さまざまなITリソースをオンデマンドで利用する**ことができます。従量課金の仕組みをとっており、実際に使った分の支払いをするのが特徴です。ガスや水道と同じように、「自ら所有する」のではなく、「サービスを利用する」と考えるとよいでしょう。

クラウドが登場する以前は、システムやWebサイト構築・運用時の選択肢はオンプレミス（自社でシステムを保有する形態）か、外部のハウジング（コロケーション）サービスやホスティング（レンタルサーバー）の利用が大半でした。しかし近年は、インターネット上の外部リソースであるクラウドを活用することで同様のIT環境を構築できるようになり、クラウドへの移行が加速しています。ここで重要なのが、**クラウドサービスを踏まえた運用・保守業務をどうすべきか**、です。従来のオンプレミスの部分だけでなく、クラウドサービスも視野に入れ、運用・保守を実施しなくてはなりません。

それぞれの立場から見た運用・保守のフロー

クラウドサービスが普及し、運用・保守サービスにも変化が起きています。従来のオンプレミスの運用・保守に加え、クラウド環境の部分も面倒を見ることが必要です。つまり、運用・保守会社の監視センターは、**従来のオンプレミス部分に加え、クラウドサービス部分もまとめて見る**ことになります。

エンドユーザー、情報システム部門の立場から見れば、クラウドサービスが加わったとしても従来と運用フローは変わりません。

他方、運用・保守会社は、クラウド環境の不具合を含め一括で監視し、サービスとしてお客様に提供します。これを**運用・保守サービスのオプションメニューとして提供**する形態がとられています。

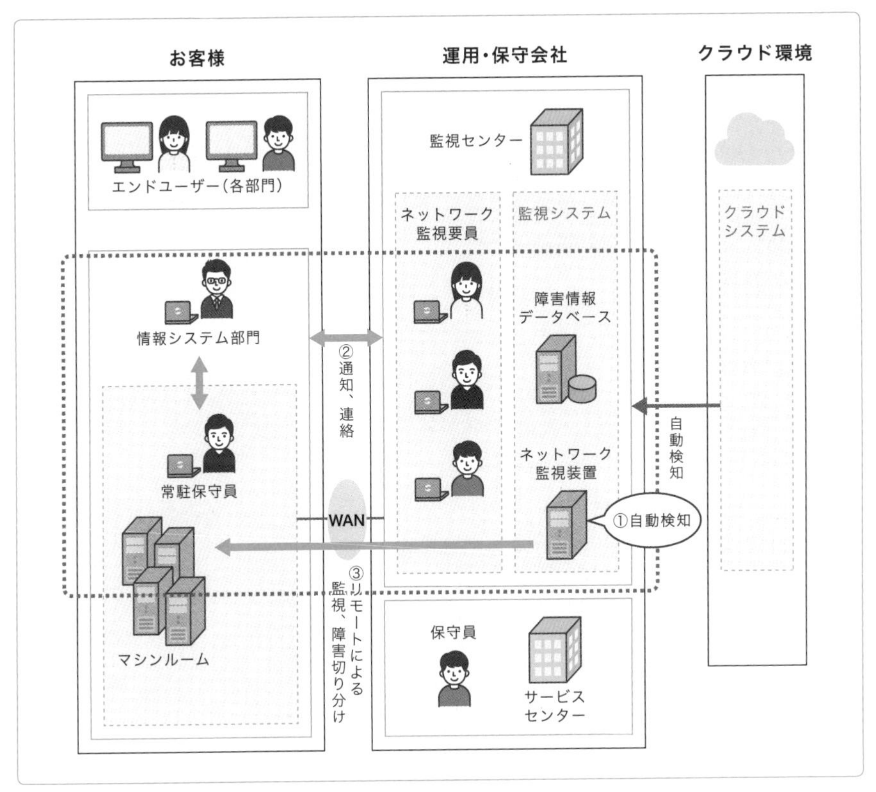

図　運用・保守会社がクラウドサービスも含めて監視

クラウドの運用・保守における主な課題

クラウドにおける運用・保守作業においては、**クラウド提供ベンダーの事情に合わせなくてはならない**というリスクが存在します。たとえば、システムのメンテナンスによりクラウドサービスが停止するなど、クラウド提供ベンダーの都合で利用者側の業務が影響を受ける危険性があります。クラウドサービスはさまざまな人が共同で使っているサービスですので、当然、一企業の都合は聞いてくれません。

特に外資系ともなると日本との時差の関係上、日本の昼間の時間帯に作業が行われるケースも想定されます。**サービス内容はどこまで保証されるのか、しっかり確認する必要があります**。

クラウドサービス移行による これからのネットワーク運用・保守

ネットワーク経路の見直し

クラウドサービスに移行する際には、**ネットワーク経路の見直し**をしないと障害の原因になります。

従来の企業ネットワークでは、インターネットへの接続はいったんデータセンター／本社側のプロキシサーバーやファイアウォールを通すというのが基本でした。しかし、この構成のままクラウドサービスへと移行すると、データセンター／本社の装置に負荷がかかりすぎてしまい、いくら回線を太くしてもレスポンスが悪くなります。確かに、負荷分散装置を導入し、クラウドサービス向けのトラフィックを振り分ける方法もあります。しかし、導入コストと装置の運用面の課題が残ります。

そこで対策として、ローカルブレークアウト（LBO）という方式に変更します。ここでいうローカルブレークアウトとは、Microsoft 365などのクラウドアプリケーション（SaaS、Software as a Service）向けのトラフィックについては、データセンター経由のインターネット接続を使わず、**各拠点から直接インターネットへ出てSaaSにアクセスするネットワーク構成**です。仕組みとしては、各拠点に置いたルータなどで通信内容を識別し、あらかじめ登録されたSaaS向けのトラフィックであれば直接インターネット回線へ、そうでなければデータセンター／本社経由の回線へ、トラフィックを振り分けます。日々ネットワークを守っている運用・保守者には、**このようなネットワーク経路の変更を提言することも、これからは求められます。**

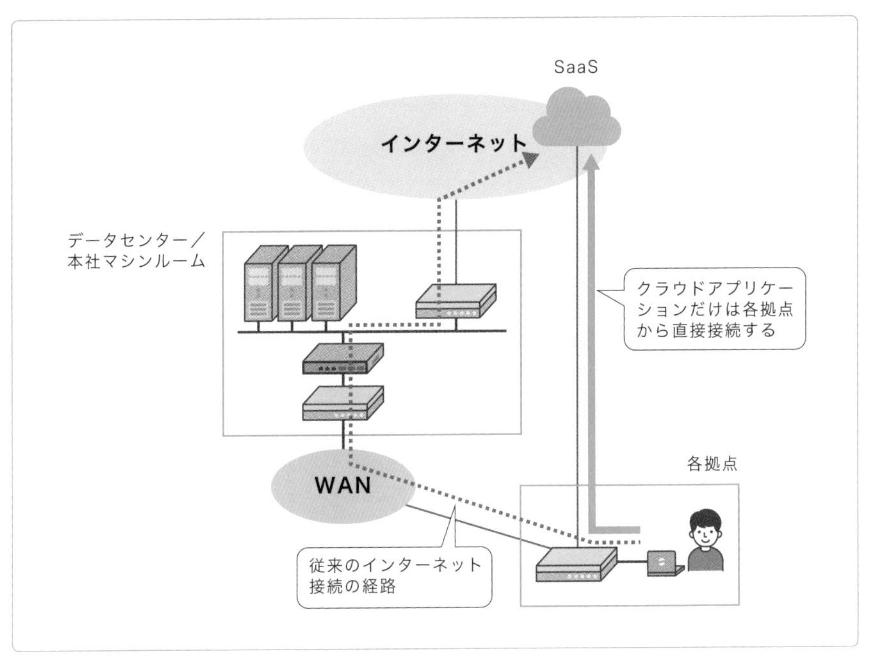

図　ローカルブレークアウト

次の一手とセキュリティ対策

前述のLBO方式で当面はしのぐことができます。ただ、これからのネットワーク運用・保守者は次の一手も考えておかなければなりません。それは、今後クラウドサービス利用者が増え、インターネットトラフィックが増大すること伴う、輻輳問題です。

また、クラウドサービスへのアクセスは、インターネットに出ていくことからセキュリティ対策も必要です。ただし、セキュリティ対策にはお金がかかります。そこで今では、トラフィックの振り分けとセキュリティ対策も自前で用意するのではなく、クラウドサービスを利用する動きがあります。通信事業者などでは、プロキシ、ファイアウォールなどのセキュリティ機能もクラウドサービスとして提供するようになっており、それらを利用します。

情報システム部門にとっては、日々の運用の負担と初期導入コストの悩みが払しょくされます。その一方で、ネットワークそのものがブラックボックス化されることで、クラウドサービスベンダーや運用・保守会社への依存が高まります。

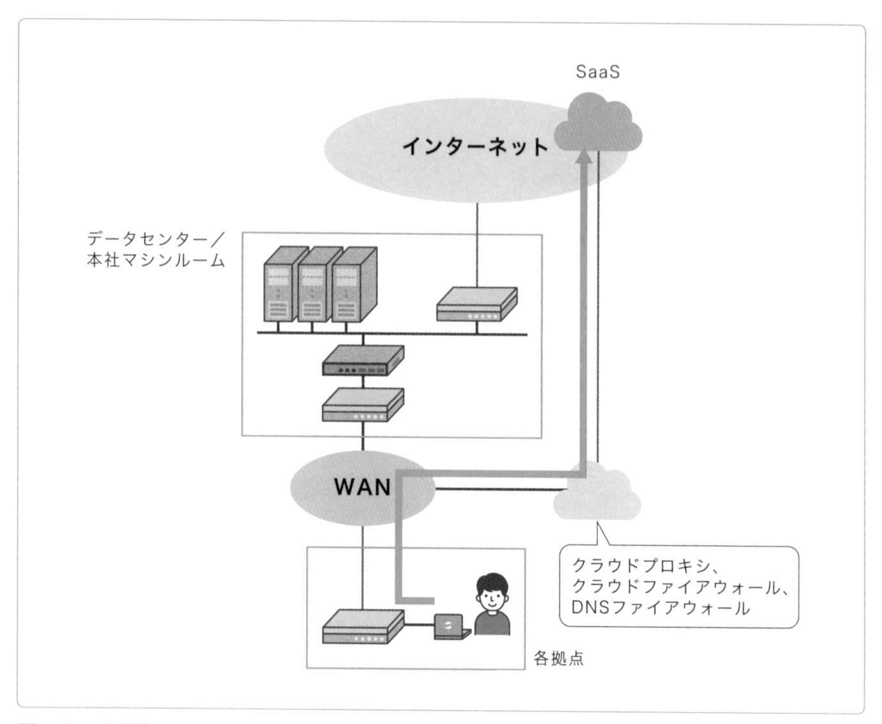

図　クラウド上のセキュリティ対策サービス

ネットワーク運用・保守者にとっては、今後、クラウドサービス上で提供されるサービスへの対応がますます増えます。すべて運用・保守者のコンソール上で、シングルウィンドウで実施する形になるでしょう。

ネットワークが高度化されることに合わせて、皆さんの技術スキルも高度化していかなくてはなりません。

A-2 Tera Termでの作業ログ収集方法

ネットワーク機器の作業ログを取っておかないと、作業中に何らかの障害が発生した場合やオペレーションミスをしたときなどの障害切り分けができなくなります。そのため、実際の現場では、作業を始める前に必ず「ログ収集」の設定を行ってからコマンド操作を行うのが鉄則です。

ここではTera Termでのログ収集方法について紹介します。このオペレーションは、テキスト形式のコンフィグレーションファイルの収集方法としても活用できます。

手順

- ①Tera Termのメニューから［ファイル］→［ログ］の順で選択します。

次ページのような画面が表示されるので、ファイル名を入力します。ファイル名は、「装置のホスト名.txt」や「時間(2020年5月21日であれば20200521).txt」とするのが一般的です。また、全国一斉に作業が行われる場合には、ホスト名と時間を合わせて「tokyo20200521.txt」とするなど、ファイル名が同じにならないような工夫が必要です。

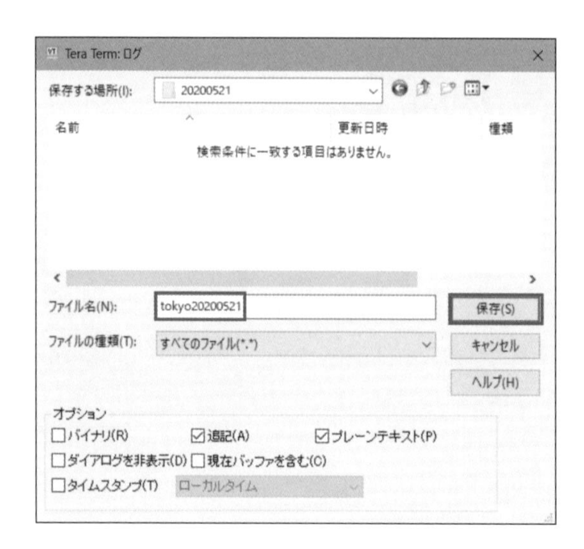

これで、[保存] をクリックすると、ログ収集が始まります。

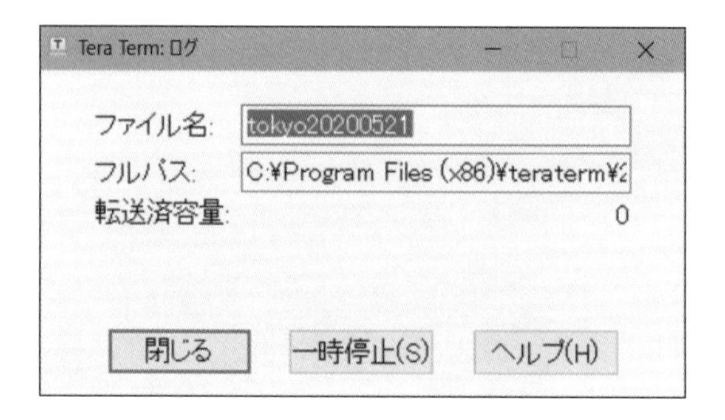

- ②ログウィンドウが表示されている状態で、コンソール端末のキーボードを叩けば、すべて作業ログとしてコンソール端末に保存されます。

- ③コマンド操作が終了したら、ログ収集を終了します。Tera Termのログウィンドウで [閉じる] をクリックします。これで作業ログが収集できました。

- ④ネットワーク機器からログアウトしたら、ネットワーク機器とのローカルコンソール接続を終了します。Tera Termのメニューから［ファイル］→［接続断］の順で選択します。

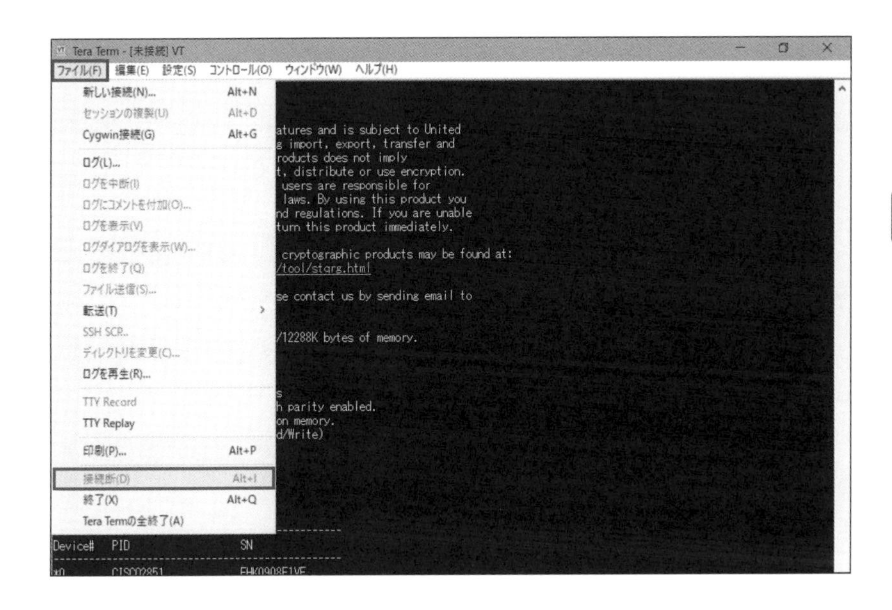

• ⑤収集したログファイル（PC端末内）の中身を確認します。収集したログをファイルサーバーなどの外部記憶媒体へ保管します。

以上で作業ログの収集はすべて終了です。

索 引

岡野 新（おかの しん）
シスコ認定資格 CCIE Emeritus

現場の第一線で、大手の民間企業、官公庁、大規模通信キャリアなど多業種のPM、設計・構築、運用・保守、教育講師に至るまで、ネットワークの全般業務を25年以上経験。2012年CCIE Emeritus認定。2022年にCCIE Lifetime Emeritus認定を目指す。

■本書のサポートページ

https://isbn2.sbcr.jp/04264/

本書をお読みいただいたご感想を上記 URL からお寄せください。
本書に関するサポート情報やお問い合わせ受付フォームも掲載しておりますので、あわせてご利用ください。

1冊(さつ)ですべてわかる

ネットワーク運用(うんよう)・保守(ほしゅ)の基本(きほん)

2020年 7月28日 初版第1刷発行

著 者 ……………… 岡野 新(おかの しん)

発行者 ……………… 小川 淳

発行所 ……………… SBクリエイティブ株式会社

〒106-0032 東京都港区六本木2-4-5

https://www.sbcr.jp/

印 刷 ……………… 株式会社シナノ

カバーデザイン ……… 米倉 英弘(株式会社 細山田デザイン事務所)

制 作 ……………… クニメディア株式会社

Printed in Japan ISBN 978-4-8156-0426-4